3ds Max

2024

中文全彩铂金版

案例教程

高博 王婧 龙舟君 编著

中国青年出版社

图书在版编目（CIP）数据

3ds Max 2024中文全彩铂金版案例教程／高博，王婧，龙舟君编著. 一 北京：中国青年出版社，
2024.6
ISBN 978-7-5153-7259-4

I. ①3… II. ①高… ②王… ③龙… III. ①三维动画软件—教材 IV. ①TP391.414

中国国家版本馆CIP数据核字（2024）第069042号

侵权举报电话

全国"扫黄打非"工作小组办公室   中国青年出版社
010-65233456　65212870   010-59231565
http://www.shdf.gov.cn   E-mail: editor@cypmedia.com

3ds Max 2024中文全彩铂金版案例教程
编　　著：高博　王婧　龙舟君

出版发行：中国青年出版社
地　　址：北京市东城区东四十二条21号
网　　址：www.cyp.com.cn
电　　话：010-59231565
传　　真：010-59231381
编辑制作：北京中青雄狮数码传媒科技有限公司
责任编辑：张君娜
策划编辑：张鹏
执行编辑：张沣
封面设计：乌兰

印　　刷：天津融正印刷有限公司
开　　本：787mm x 1092mm　1/16
印　　张：13
字　　数：382千字
版　　次：2024年6月北京第1版
印　　次：2024年6月第1次印刷
书　　号：ISBN 978-7-5153-7259-4
定　　价：69.90元（附赠超值资料，含语音视频教学+
　　　　　　案例素材文件+PPT课件+海量实用资源）

本书如有印装质量等问题，请与本社联系
电话: 010-59231565
读者来信: reader@cypmedia.com
投稿邮箱: author@cypmedia.com
如有其他问题请访问我们的网站: http://www.cypmedia.com

3 MAX 前言

首先，感谢您选择并阅读本书。

软件简介

3ds Max是Discreet公司开发后被Autodesk公司合并的一款三维动画制作软件，在国内拥有庞大的用户群，是目前世界上应用较广泛的三维建模、动画、设计和渲染软件，完全可以满足制作高质量动画、游戏、设计效果等需要，广泛应用于三维动画、环境艺术、工业设计、室内设计、广告、影视、建筑设计、游戏和辅助教学等领域。目前，我国很多院校和培训机构的艺术专业将3ds Max三维设计作为一门重要的专业课程。

内容提要

本书以理论知识结合实际案例操作的方式编写，分为基础知识篇和综合案例篇两部分。

在对基础知识进行介绍时，为了避免学习理论知识后，实际操作软件时仍然感觉无从下手的尴尬，我们在介绍软件的各个功能时，会根据所介绍功能的重要程度和使用频率，以具体案例的形式，拓展读者的实际操作能力。每章内容学习完成后，还会有具体的上机实训案例来对本章所学内容进行综合应用，使读者可以快速熟悉软件功能和设计思路。通过课后练习内容的设计，使读者对所学知识进行巩固加深。

在综合案例部分，根据3ds Max的几大功能特点，有针对性、代表性和侧重点，并结合实际工作中的应用进行案例的选择。通过对这些实用性案例的学习，使读者真正达到学以致用的目的。

为了帮助读者更加直观地学习本书，随书附赠的资料中不但包括了书中全部案例的素材文件，方便读者更高效地学习，还配备了所有案例的多媒体有声视频教学录像，详细地展示了各个案例效果的实现过程，扫除初学者对新软件的陌生感。

适用读者群体

本书不仅可以作为了解3ds Max各项功能和最新特性的应用指南，也可作为提高用户设计和创新能力的指导，适用读者群体如下：

- 各高等院校刚刚接触3ds Max三维设计的莘莘学子。
- 各大中专院校相关专业及培训班学员。
- 从事三维动画设计和制作相关工作的设计师。
- 对3ds Max产品设计、环艺设计以及三维动画制作感兴趣的读者。

本书在写作过程中力求谨慎，但因时间和精力有限，不足之处在所难免，敬请广大读者批评指正。

编　者

目录

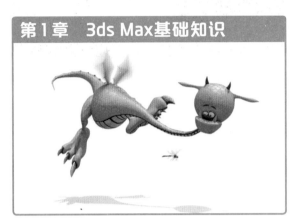

第一部分　基础知识篇

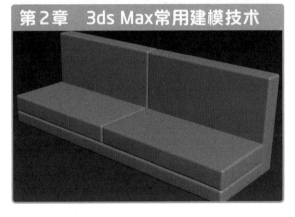

第3章　3ds Max高级建模技术

第4章　材质和贴图技术

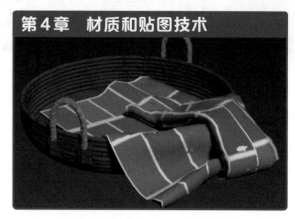

第5章　摄影机、灯光和环境设置

第7章 动画技术

第6章 渲染技术

第二部分 综合案例篇

第8章 波浪形雕塑表现

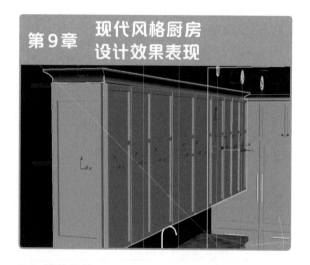

第9章 现代风格厨房设计效果表现

第10章 卧室设计效果表现

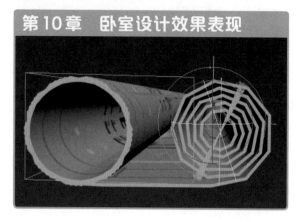

第11章 公园设计效果表现

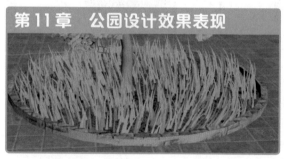

第一部分

基础知识篇

本篇将对3ds Max 2024的概念及各大应用模块的功能进行详细介绍，包括软件的用户界面操作、视图的操作、文件和对象的基本操作、基本几何体建模、样条线建模、修改器建模、可编辑对象建模、标准摄影机的应用、V-Ray摄影机的应用、VRay灯光的应用、材质编辑器的应用、V-Ray材质的应用、贴图的应用、渲染器的应用、动画技术的应用等。在介绍基础操作的同时，配以丰富的实战案例，让读者可以全面掌握3ds Max三维设计技术。

3 MAX 第1章　3ds Max基础知识

本章概述

　　本章将对3ds Max软件应用进行初步介绍，使读者了解3ds Max界面的分布、视口操作、系统常规设置和文件的基本操作等。通过本章内容的学习，为之后进一步学习3ds Max建模、材质、渲染和动画等内容打下坚实的基础。

核心知识点

❶ 了解3ds Max工作界面的分布
❷ 掌握视口的基本操作
❸ 掌握3ds Max系统的常规设置
❹ 掌握文件的基本操作
❺ 掌握常用工具的使用方法

1.1　3ds Max可以用来做什么

　　3ds Max是Autodesk公司出品的一款功能强大的三维设计工具，在模型塑造、场景渲染、动画制作等方面具有强大的功能。无论用户是要构建广阔的游戏世界，还是要可视化复杂的建筑场景，3ds Max都提供了所需的建模工具组合，让设计的三维作品栩栩如生。

（1）建筑效果图

　　近年来，在室内表现和室外园林设计行业，涌现出大量应用3ds Max制作的优秀作品。在建筑可视化行业中，3ds Max除了可以创建静态效果图，还可以制作三维动画或者虚拟现实效果。下左图是使用3ds Max制作的室内设计效果图，下右图是建筑设计效果图。

（2）三维动画

　　在影视、动画、游戏及虚拟现实等领域，也少不了3ds Max的身影。使用3ds Max可以很方便地进行影视角色制作、游戏模型设计、场景动画制作等。以下两图为使用3ds Max进行动画角色设计的效果。

（3）产品设计

在汽车制造、机械制造、产品包装设计等行业，可以利用3ds Max来模拟创建产品外观造型，或制作产品宣传动画。下左图是使用3ds Max进行汽车设计的效果，下右图是使用3ds Max进行机械臂设计的效果。

 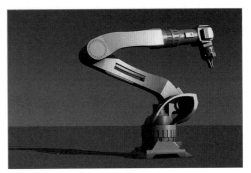

1.2　3ds Max 的工作界面

在利用3ds Max进行创作的过程中，需要应用软件中的许多命令和工具，而在应用这些命令和工具之前，用户需要了解和熟悉它们的调用方法。本节将对3ds Max的界面组成、界面操作、视图操作等进行详细介绍。

安装完3ds Max后，双击桌面的快捷图标进行启动，即可打开软件的操作界面，如下图所示。3ds Max 2024界面一般由菜单栏、命令面板、主工具栏、功能区、场景资源管理器、视口、时间滑块以及各种控制区组成。

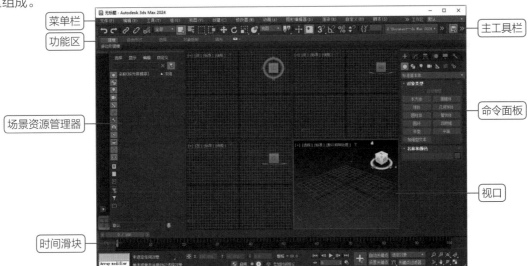

1.2.1　菜单栏

在3ds Max 2024主窗口标题栏下方的菜单栏，为用户提供了几乎所有的3ds Max操作命令。每个菜单的标题表明该菜单上命令的大致用途，单击菜单名称时，可以打开级联菜单或多级级联菜单。下图为3ds Max菜单栏。

| 文件(F) | 编辑(E) | 工具(T) | 组(G) | 视图(V) | 创建(C) | 修改器(M) | 动画(A) | 图形编辑器(D) | 渲染(R) | 自定义(U) | 脚本(S) | 内容 | 》工作区：默认 | ▼ |

下面介绍菜单栏中各主要菜单的含义。

- **文件**：用于执行文件的打开、存储、新建、导入和导出等命令。
- **编辑**：用于对对象执行撤销、重做、移动、旋转、缩放等命令。
- **工具**：包括常用的各种三维效果制作工具。
- **组**：用于将多个物体组为一个组，或分解一个组为多个物体。
- **视图**：用于对视图进行操作，其中"视口背景"命令主要用于给场景增加背景。
- **创建**：提供了大量的基本模型、系统对象、灯光和相机等操作命令。
- **修改器**：主要为编辑修改物体或动画的命令。
- **动画**：利用该菜单可以设置正向运动、反向运动、创建骨骼和虚拟物体等命令。
- **图形编辑器**：用于创建和编辑视图。
- **渲染**：主要有渲染形式和参数的设置、环境及特效的设定、渲染器的选择等命令。
- **"工作区"选择器**：使用"工作区"功能可以快速切换任意不同的界面设置，还可以还原工具栏、菜单、视口布局预设等自定义排列。

1.2.2 主工具栏

在3ds Max中，一些常用的工具或对话框被分类放置在主工具栏中，并有特定的名称。主工具栏位于用户界面顶部，方便用户调用，如下图所示。在主工具栏中，单击相关工具右下方带有三角标志的按钮，会弹出下拉列表，显示更多的工具命令供用户选择使用。

下面介绍主工具栏中各常用按钮的含义：

- **选择并链接**：主要用于建立对象之间的父子链接关系与定义层级关系，但是只能父级物体带动子级物体，而子级物体的变化不会影响到父级物体。
- **取消链接选择**：其功能与"选择并链接"相反，用于断开链接关系。
- **绑定到空间扭曲**：可以将对象绑定到空间扭曲对象上，以制作动画效果，例如风吹雪花或小草等动画。
- **选择过滤器** 全部 ：用来过滤不需要选择的对象类型，这对于批量选择同种类型的对象非常有用。单击右侧下三角按钮，列表中包括"G-几何体""S-图形""L-灯光"和"C-摄影机"等。在列表中选择"G-几何体"选项后，选择场景中对象时，只能选择几何体，而图形、灯光和摄影机都不会被选中。
- **选择对象**：当需要选择对象，而不需要移动时，可以使用该工具。
- **按名称选择**：单击该按钮，打开"从场景选择"对话框，选择对象名称选项后，单击"确定"按钮，即可在场景中选择该对象。例如选择"Teapot001"对象，单击"确定"按钮，如下左图所示。在场景中即可选中Teapot001模型，如下右图所示。

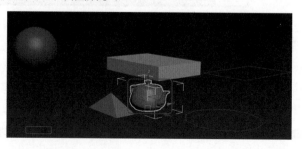

- **选择区域**▦：该工具包含5种模式，如下左图所示。将光标移到该按钮上方并按住，打开列表，移到需要选择模式上方，释放鼠标左键即可。

- **窗口/交叉**：该工具未选中时▦，选择对象时，只要选择区域包含对象的一部分即可选中该对象；当该按钮处于激活状态时▦，只有对象全部在选择区域内的才被选中。

- **选择并移动**✛：用来选择并移动对象。选择对象后，在"透视"视图中显示X、Y和Z共3个轴向，其他3个视图只显示其中两个轴向，将光标移到某轴向上拖动，即可在该轴向上移动。

- **选择并旋转**↻：用来选择并旋转对象，使用方法和"选择并移动"工具相似。

- **选择并缩放**：用来选择并缩放对象，包含3种工具，分别为"选择并均匀缩放""选择并非均匀缩放"和"选择并挤压"，如下右图所示。

- **参考坐标系**：用来指定变换操作所使用的坐标系统。单击右侧下三角按钮，下拉列表中包括视图、屏幕、世界、父对象、局部、万向、栅格、工作、局部对齐和拾取10种坐标系。

- **使用中心**：该工具组中包括3种工具，分别是"使用轴点中心""使用选择中心"和"使用变换坐标中心"，如下左图所示。

- **捕捉开关**：该工具包含3种模式，分别为"2D捕捉""2.5D捕捉"和"3D捕捉"，如下右图所示。

- **角度捕捉切换**▧：用来指定捕捉角度，将影响所有的旋转变换，默认状态下以50度为增量进行旋转。我们可以根据需要进行设置，右击"角度捕捉切换"按钮，打开"栅格和捕捉设置"对话框，在"选项"选项卡中设置旋转的角度、捕捉半径等参数，如右图所示。

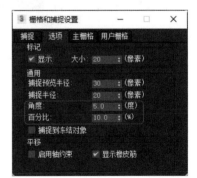

- **百分比捕捉切换**▧：用于将对象缩放捕捉到自定的百分比，在缩放状态下，默认每次缩放百分比为10%。设置方法和"角度捕捉切换"工具一样。

- **微调器捕捉切换**▧：用来设置微调器单次单击的增加值或减少值。

- **镜像**▦：使用该工具可以围绕一个轴心镜像出一个或多个副本对象。

- **对齐**▦：共包含6种对齐工具，分别为对齐、快速对齐、法线对齐、放置高光、对齐摄影机、对齐到视图。

- **材质编辑器**▦：这是非常重要的功能，主要用来编辑材质对象的材质。在之后的章节还会详细介绍。3ds Max 2024的"材质编辑器"分为"精简材质编辑器"和"Slate材质编辑器"两种。

- **渲染设置**▦：单击该按钮打开"渲染设置"对话框，设置渲染的参数。在之后的章节还会介绍。

● **渲染帧窗口**：单击该按钮打开"渲染帧窗口"对话框，在该对话框中可以选择渲染的区域、切换图像通道和储存渲染图像等。

1.2.3　视口

视口占据3ds Max操作窗口的大部分区域，所有对象的创建、编辑操作都在视口中进行。默认情况下打开的是顶、前、左、透视四视图布局，用户可以在视口左侧的"视口布局"选项卡中快速切换任何数目的不同视口布局。

每个视图都包含垂直和水平线，这些线组成了3ds Max的主栅格。主栅格包含黑色垂直线和黑色水平线，这两条线在三维空间的中心相交，交点的坐标是$X=0$、$Y=0$和$Z=0$。

顶视图、前视图和左视图显示的场景没有透视效果，也意味着在这些视图中同一方向的栅格线总是平行的。透视图类似人的眼睛和摄影机观察时看到的效果，视图中的栅格线是可以相交的。

提示：创建新的视口布局

　　3ds Max默认的视口布局包括顶视图、前视图、左视图和透视视图，我们可以应用软件自带的标准视口布局。单击视口布局选项中"创建新的视口布局"选项卡下三角按钮，在列表中选择"标准视口布局"选项，如下左图所示。例如，选择第1行第3列的选项后，视口布局如下右图所示。

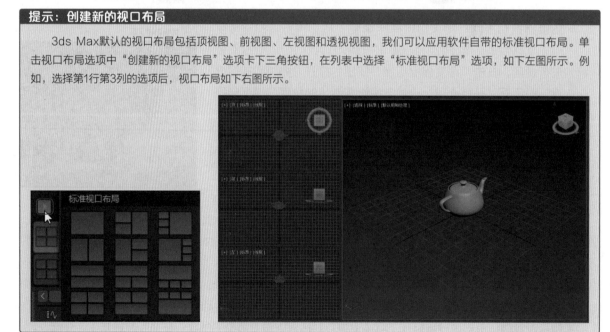

1.2.4 命令面板

命令面板位于3ds Max界面的右侧，由创建、修改、层次、运动、显示和实用程序6个用户界面子面板组成，但每次只有一个面板可见，要想显示不同的面板，只需单击"命令"面板顶部的选项卡即可。命令面板是3ds Max程序软件最常用命令的集合，是用户界面最重要的组成部分之一，需要花费较多的时间熟悉和学习它。

在命令面板中，"创建"和"修改"面板较为常用。"创建"命令面板中包含了几何体、图形、灯光、摄影机、辅助对象、空间扭曲和系统7个子面板，如下左图所示。

"创建"面板子面板简介。

- **几何体**⬤：主要用来创建几何体，包括标准基本体、扩展基本体、复合对象、粒子系统、门、窗、楼梯等。
- **图形**⬤：主要用来创建样条线和NURBS曲线等。
- **灯光**💡：用来创建场景中的灯光。
- **摄影机**📷：用来创建场景中的摄影机。
- **辅助对象**◿：用来创建有助于场景制作的辅助对象。
- **空间扭曲**≋：可以在围绕其他对象的空间中产生不同的扭曲效果。
- **系统**⚙：可以将对象、控制器和层次对象组合在一起，提供与某种行为相关联的几何体，并且包含模拟场景中的阳光系统和日光系统。

通过"创建"命令面板可以在场景中放置一些基本对象，每个对象都有一组自己的创建参数，这些参数根据对象类型定义其几何体和其他特性。用户可以在"修改"命令面板的"参数"卷展栏中修改这些参数，如下中图所示。

通过"层次"命令面板，可以调整对象间的层次链接信息。通过将一个对象与另一个对象相链接，可以创建父子关系。应用到父对象的变换同时将传递给子对象。"层次"命令面板如下右图所示。

"运动"命令面板包含动画控制器和轨迹的控件，用于设置各个对象的运动方式和轨迹，以及高级动画设置。"运动"命令面板如下页左图所示。

"显示"命令面板包含用于隐藏和显示对象的控件以及其他显示选项。"显示"命令面板，如下页中图所示。

通过"实用程序"命令面板可以访问3ds Max各种小型程序，并可以编辑各个插件。它是3ds Max系统与用户之间对话的桥梁，如下页右图所示。

1.2.5 其他组成部分

在用户界面的下方，还存在MAXScript 迷你侦听器、状态栏和提示行、动画控件和时间配置、视口导航控件等，通过这些工具，用户可以更好地创建和管理场景，如下图所示。

- **MAXScript 迷你侦听器**：MAXScript侦听器窗口内容的一个单行视图，分为粉红和白色两个窗格。粉红色是"宏录制器"窗格，当启用"宏录制器"时，录制下来的所有内容都将显示在粉红窗格中，"迷你侦听器"中的粉红色行表明该条目是进入"宏录制器"窗格的最新条目；白色是"脚本"窗格，用户可以在这里创建脚本，在侦听器白色区域输入的最后一行将显示在迷你侦听器的白色区域中。
- **状态栏和提示行**：提供当前场景的提示和状态信息，包含"孤立当前选择""选择锁定切换"和"绝对模式变换输入"/"偏移模式变换输入"按钮，其右侧是坐标显示区域，用户可以在此输入绝对或偏移变化值。

> **提示：使用快捷键孤立与锁定当前选择**
>
> 用户除了单击界面下方状态栏中的"孤立当前选择"和"选择锁定切换"按钮进行对象的孤立与锁定外，还可以按下Alt+Q组合键，孤立当前选择；按下空格键，锁定当前选择对象。

- **轨迹栏**：轨迹栏内含有显示帧数的时间轴以及"打开迷你曲线编辑器"按钮，用户可以在该区域内创建和修改关键帧，下图为迷你曲线编辑器。

- **动画控件**：主动画控件位于程序窗口底部的状态栏和视口导航控件之间，可以控制视口中动画的播放模式，单击"时间配置"按钮，可以打开"时间配置"对话框。另外两个重要的动画控件是时间滑块和轨迹栏，位于主动画控件左侧的状态栏上，它们均可处于浮动和停靠状态。
- **视口导航控件**：主要包括一些用于视图控制和操作的按钮。

1.3 视口操作

3ds Max中所有的场景对象都处于一个模拟的三维世界中,用户可以通过视口来观察、了解这个三维世界中场景对象之间的三维关系,并在视口中创造与修改对象。3ds Max为用户提供了"视图"菜单、视口标签菜单、视口导航控件等多种方式来进行视口的操作与设置。

1.3.1 "视图"菜单与视口布局

大多数的视口设置命令存在于"视图"菜单中,选择"视图"菜单下的"视口配置"命令,如下左图所示。打开"视口配置"对话框,切换至"布局"选项卡,选择视口的划分方式,单击"确定"按钮,如下右图所示。

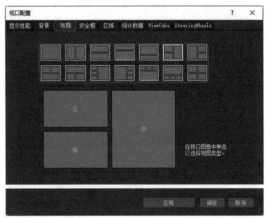

在"视口配置"对话框中,选择视口布局后,可以在对话框中预览效果并显示各视口的视图类型。如果要改变视图类型,直接在视口中单击,在打开的菜单中选择相应的选项。

我们也可以参考1.2.3节介绍的单击"创建新的视口布局"选项卡下三角按钮,在列表中选择视口布局的选项。如果我们对视图的配置和布局比较熟悉,可以关闭左侧的视口布局选项卡,以节省操作界面的空间。

1.3.2 视口标签菜单

视口标签菜单位于每个视口的左上角,一般情况下有4个标签,用户单击每个标签都可以打开对应的快捷菜单,选择相应的选项进行设置。单击加号标签,在列表中可以设置最大化视口、活动视口、显示栅格等,如下左图所示。单击"线框"标签,在列表中可以设置对象显示方式,例如面、边界框等,如下右图所示。

1.3.3 通过ViewCube调整对象的显示方式

在3ds Max每个视口的右上角，都有一个能够控制视图观察方向的3D导航控件（ViewCube），用户可以通过操作ViewCube来旋转或调整视口。在ViewCube的4个方向上包含4个三角箭头，单击时会显示相应的视口，例如当前为左视图时，单击上方三角箭头时，会以上视图显示，如下两图所示。

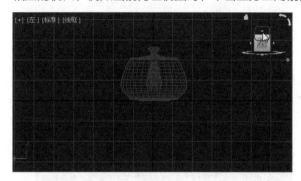 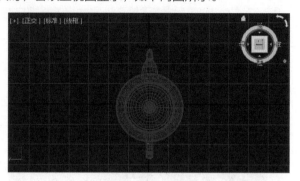

当单击左视图右侧边线时，会以左前的正交视图显示，同时显示左视图和前视图的内容，如下左图所示。当单击ViewCube的顶点时，会显示相交3个视图的内容，例如单击左视图右上角的点，显示上视图、左视图和前视图的内容，如下右图所示。

实战练习 隐藏或显示ViewCube

当ViewCube的存在妨碍用户的操作时，用户可以将它隐藏起来，并在需要的时候再显示出来。下面介绍两种显示或隐藏ViewCube的操作方法。

步骤 01 通过菜单栏隐藏ViewCube。打开3ds Max应用程序，默认情况上每个视口右上角都存在一个ViewCube。在菜单栏中执行"视图>ViewCube>显示ViewCube"命令（或按下Alt+Ctrl+V组合键），如下左图所示。

步骤 02 完成上述操作后，每个视口右上角的ViewCube均被隐藏起来，如下右图所示。

 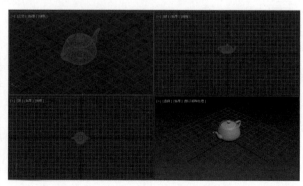

步骤 03 "视口配置"对话框隐藏ViewCube。在菜单栏中执行"视图>视口配置"命令，如下左图所示。

步骤 04 打开"视口配置"对话框，切换到"ViewCube"选项卡，在"显示选项"选项组内勾选"显示ViewCube"复选框后，单击"确定"按钮完成操作，如下右图所示。如果需要显示ViewCube，根据上述方法激活对应的选项或复选框即可。

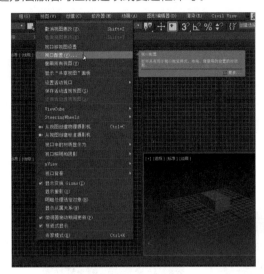

1.3.4 视口导航控制按钮

视口导航控制按钮在状态栏的最右侧，主要用来控制视图的显示和导航。这些按钮可以缩放、平移和旋转活动的视图，如右图所示。

下面介绍视口导航控制按钮的功能。

- **缩放**🔍：选择该工具后，通过拖动光标，可以调整每个视图中对象的显示比例。按住鼠标左键向上滑动时，放大对象；向下滑动时，缩小对象。
- **缩放所有视图**🔍：使用该工具可以同时调整所有视图中对象的显示比例。
- **最大化显示选定对象**🔲：将当前活动视图最大化显示。
- **所有视图最大化显示选定对象**🔳：将所有可见的选定对象或对象集在所有视图中以居中最大化的方式显示出来。
- **视野**▷：在"透视"视图中向上拖动光标放大选定对象，向下拖动光标缩小选定对象；在其他视图中，可以绘制矩形框并在该视图中最大显示选定区域。
- **平移视图**✋：使用该工具可以将选定视图平移。
- **环绕子对象**🪐：使用该工具可以让视图围绕选定的子对象进行旋转的同时，使选定的子对象保留在视口中相同的位置。
- **最大化视口切换**⬛：可以将活动视口在正常大小和全屏大小之间切换，快捷键是Alt+W。

1.4 系统常规设置

在3ds Max中进行三维效果图制作时，用户会发现一些系统的参数设置，可以规避操作中的意外故障造成的损失或是在创作场景时更加便捷、清晰、易与他人合作共享文件等。因此，在操作前用户应学会如何设置系统单位、了解故障恢复和怎样备份数据。

（1）设置系统单位

在实际的项目制作中，经常需要多人合作完成工作，这时必须将系统单位设置为相同的系统单位比例，从而保证相互间的文件能够共享，不出差错。需要注意的是，由于每个成员操作习惯的不同，显示单位比例有可能不尽相同，但只要系统单位比例一致，就不会影响团队的合作。

步骤 01 打开3ds Max应用程序，在菜单栏中执行"自定义>单位设置"命令，在弹出的"单位设置"对话框中单击"系统单位设置"按钮，如下左图所示。

步骤 02 在"系统单位设置"对话框的"系统单位比例"选项组中，单击"单位"右侧的下三角按钮，从下拉列表中选择合适的系统单位后，单击"确定"按钮，如下中图所示。

步骤 03 返回"单位设置"对话框，选中"显示单位比例"选项组中"公制"单选按钮，并单击其下三角按钮，从下拉列表中选择合适的显示单位，单击"确定"按钮完成单位设置，如下右图所示。

（2）系统常规设置

在实际工作中，3ds Max为用户提供了故障恢复、数据备份等措施来防止一些意外故障对工程文件的损害。设置好系统单位后，下面来学习如何进行一些系统常规参数设置。

步骤 01 打开3ds Max应用程序，在菜单栏中执行"自定义>首选项"命令，打开"首选项设置"对话框，切换到"常规"选项卡，在"场景撤消"选项组中将将"级别"设为合适的数值，如下左图所示。

步骤 02 切换到"文件"选项卡，在 "文件处理"选项组中勾选"增量保存"复选框，在"自动备份"选项组中确认自动备份是否启用，并设置"备份文件数""备份间隔"和"自动备份文件名"等相关参数，单击"确定"按钮完成设置，如下右图所示。

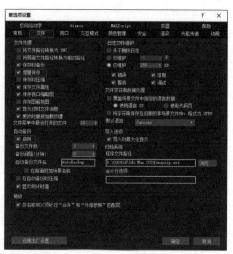

1.5 3ds Max文件的基本操作

我们使用3ds Max创作作品之前要学会文件的基本操作，本节主要介绍3ds Max文件的新建、保存、重置、导入和导出等基本操作。

在3ds Max中对文件的操作命令都在"文件"菜单中，菜单名称右侧显示三角图标时，将光标定位在该命令上，还会显示子菜单内容，如下图所示。

1.5.1 新建文件

双击桌面快捷启动图标，打开3ds Max应用程序，即可以新建一个空白无标题的工程文件。如果已经打开3ds Max应用程序，按下Ctrl+N组合键，在弹出"新建场景"对话框中单击"确定"按钮，可以创建一个清除当前场景的内容，并且保持当前任务和UI设置的新空白工程文件。"新建场景"对话框如下左图所示。

用户也可以在菜单栏中执行"文件>新建>新建全部"命令，新建相应的工程文件，如下右图所示。

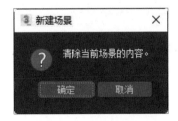

选择"新建全部"命令创建文件，会弹出提示对话框，提示是否将当前文件保存，如下页左图所示。如果需要保存，则单击"保存"按钮，保存文件的操作将在之后小节中介绍。如果单击"不保存"按钮，则退出当前文件，打开空白文件。

如果选择"从模板新建"选项，将打开"创建新场景"对话框，显示5种模板，选择合适的模板后单击"创建新场景"按钮即可，如下页右图所示。

如果要查看选择模板的具体参数，可以在"创建新场景"对话框中单击左下角的"打开模板管理器"链接。打开"模板管理器"对话框，选择左侧的模板后，右侧显示具体的参数，如下左图所示。应用模板后，3ds Max视口只显示"透视"视图，背景为选中模板的背景，如下右图所示。

提示：重置文件

在菜单栏中执行"文件>重置"命令，可以将3ds Max会话重置到默认样板，并在不改动界面相关布置的情况下重新创建一个文件。使用"重置"命令与退出并重新启动3ds Max的效果一样。

1.5.2 打开文件

在3ds Max中，用户可以在菜单栏中执行"文件>打开"命令，在弹出的"打开文件"对话框中浏览相应的文件并选中，在右侧的"缩略图"区域可以预览文件的内容，单击"打开"按钮来打开工程文件，如下页图所示。此外，用户也可以直接双击需要打开的3ds Max文件，或者将文件直接拖拽到3ds Max的桌面图标上，都可以将其打开。

1.5.3 文件的保存与归档

用户在利用3ds Max进行创作的过程中，为了防止文件损坏、丢失情况的发生，需及时对其执行保存或归档操作。下面将介绍文件的保存、另存为、保存选定对象与归档等操作。

（1）保存文件

执行菜单栏下的"文件>保存"命令（按Ctrl+S组合键）或"文件>另存为"命令（按Shift+Ctrl+S组合键），均会弹出"文件另存为"对话框，然后设置文件的保存位置、文件名、保存类型等，单击"保存"按钮，如下图所示。

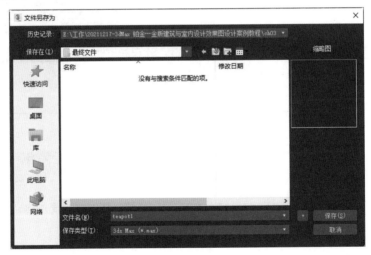

用户也可以打开多对象场景，选择其中任一或多个对象，在菜单栏中执行"文件>保存选定对象"命令，在弹出的"文件另存为"对话框进行相应的设置，即可将选中的对象从当前场景中单独存储。

（2）归档

用户若想要在第三方计算机上继续进行文件的加工处理，或是与其他用户交换场景，就需要保证3ds Max文件所用的位图等外部资源不被丢失。这时候用户需要在菜单栏中执行"文件>归档"命令，在弹出的"文件归档"对话框中进行相应的设置，将当前3ds Max文件和所有相关资源压缩到一个ZIP文件中，如下页图所示。

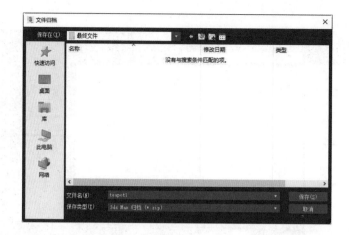

1.5.4 文件的导入与导出

在3ds Max中，用户可以借助一些外部场景或其他程序文件来进行作品的创作，提高工作效率。这些外部文件既可以是.max文件，也可以是第三方应用程序的文件，如CAD图纸或AI格式的文件。用户可以通过"导入"命令来完成文件的导入。同样也可以应用"导出"命令，导出场景对象以供其他程序使用。

场景中包含多个对象时，用户还可以在菜单中执行"文件>导出>导出选定对象"命令，将任意一个或多个对象导出，如右图所示。

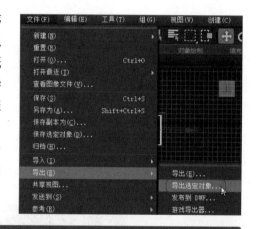

提示："发送到"命令

虽然3ds Max无法从Maya（.MB或.MA）、Motion Builder或Mudbox本地加载文件，但可以使用"文件>发送到"命令将3ds Max场景内容的实时链接分别发送到Maya、Motion Builder和Mudbox。

1.6 3ds Max常用的工具

掌握3ds Max常用工具的使用方法，可以为后续学习打基础。我们可以使用这些工具对对象进行更为精准、复杂的操作，常用的工具主要包括克隆、镜像、对齐、阵列和捕捉操作。

1.6.1 对象的复制

3ds Max提供多种复制方式，可以快速创建一个或多个选定对象，本节主要介绍常用的3种复制操作的方法。

（1）变换复制

选择需要复制的对象，在选择"选择并移动""选择并旋转"或"选择并均匀缩放"等工具的情况下，按住Shift键同时移动、旋转、缩放对象，可以达到克隆对象的目的。同时将打开"克隆选项"对话框，如下页左图所示。下面对"克隆选项"对话框中主要选项的含义进行介绍。

- **复制：** 克隆出与原始对象完全无关的对象，修改一个对象时，不会对另外一个对象产生影响。
- **实例：** 克隆出的对象与原始对象完全交互，修改任一对象，其他对象也随之产生相同的变换。
- **参考：** 克隆出与原始对象有参考关系的对象，更改原始对象，参考对象随之改变；但修改参考对象，原始对象不会发生改变。
- **副本数：** 在数值框中输入数值或单击微调按钮调整数值，会复制指定数量的对象。

（2）克隆对象

执行变换复制对象时，除了可以设置对象的克隆选项，还可以设置复制的数量。执行克隆对象复制对象时，一次只能复制一个所选对象。

在场景中选择需要复制的对象，在菜单栏中执行"编辑>克隆"命令或者按Ctrl+V组合键，打开"克隆选项"对话框，在该对话框中无法设置"副本数"的数值，如下右图所示。

（3）阵列复制

在3ds Max中，用户可以使用阵列工具批量克隆出一组具备精确变换和定位的一维或多维对象，如一排车、一个楼梯或整齐的货架等，都可以通过阵列的方式实现。

在菜单栏中执行"工具>阵列"命令，或者单击工具栏右侧的»按钮，在列表中选择"附加"选项，在弹出的"附加"工具栏中单击"阵列"按钮，打开"阵列"对话框，如下图所示。

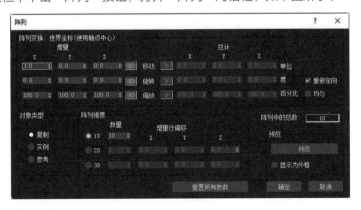

下面介绍"阵列"对话框中各选项的含义。

① "阵列变换"选项区域

"增量"不仅可以指定使用哪种变换组合来创建阵列，还可以为每个变换指定沿3个轴方向的范围。在每个对象之间，可以按"增量"指定变换范围；对于所有对象，可以按"总计"指定变换范围。在任何一种情况下，都测量对象轴点之间的距离。使用当前变换设置可以生成阵列，因此该组标题会随变换设置的更改而改变。

单击"移动""旋转"或"缩放"左侧或右侧的箭头按钮，将指示是否要设置"增量"或"总计"阵列参数。

- **"增量X/Y/Z微调器"中的移动**：指定沿 *X*、*Y* 和 *Z* 轴方向每个阵列对象之间的距离（以单位计）。
- **"增量X/Y/Z微调器"中的旋转**：指定陈列中每个对象围绕3个轴中的任一轴旋转的度数（以度计）。
- **"增量X/Y/Z微调器"中的缩放**：指定阵列中每个对象沿3个轴中的任一轴缩放的百分比（以百分比计）。
- **"总计X/Y/Z微调器"中的移动**：指定沿3个轴中每个轴的方向，所得阵列中两个外部对象轴点之间的总距离。例如，如果要为6个对象编排阵列，并将"移动 *X*"总计设置为100，则这6个对象将按行中两个外部对象轴点之间的距离为100个单位方式排列在一行中。
- **"总计X/Y/Z微调器"中的旋转**：指定沿3个轴中的每个轴应用于对象的旋转的总度数。例如，可以使用此方法创建旋转总度数为360度的阵列。
- **"总计X/Y/Z微调器"中的缩放**：指定对象沿3个轴中的每个轴缩放的总计。
- **重新定向**：将生成的对象围绕世界坐标旋转的同时，使其围绕局部轴旋转。当取消勾选此复选框时，对象会保持其原始方向。
- **均匀**：禁用 *Y* 和 *Z* 微调器，并将 *X* 值应用于所有轴，从而形成均匀缩放。

②"对象类型"选项区域

- **复制**：将选定对象的副本陈列化到指定位置。
- **实例**：将选定对象的实例陈列化到指定位置。
- **参考**：将选定对象的参考陈列化到指定位置。

③"阵列维度"选项区域

用于添加到阵列变换维数。附加维数只是定位用的，未使用旋转和缩放。

- **1D**：根据"阵列变换"选项区域中的设置，创建一维阵列。
  - **数量**：指定在阵列的该维中对象的总数。对于1D阵列，此值即为阵列中的对象总数。
- **2D**：创建二维阵列。
  - **数量**：指定在阵列的该维中对象的总数。
  - **增量行偏移**：指定沿阵列二维的每个轴的增量偏移距离。
- **3D**：创建三维阵列。
  - **数量**：指定在阵列的该维中对象的总数。
  - **增量行偏移**：指定沿阵列三维的每个轴的增量偏移距离。

④"阵列中的总数"数值框

显示将创建阵列操作的实体总数，包含当前选定对象。如果排列了选择集，则对象的总数是此值乘以选择集的对象数的结果。

⑤"预览"选项区域

- **预览**：切换当前阵列设置的视口预览，更改设置将立即更新视口。如果更新减慢拥有大量复杂对象阵列的反馈速度，则启用"显示为外框"。
- **显示为外框**：将阵列预览对象显示为边界框而不是几何体。

⑥"重置所有参数"按钮

将所有参数重置为其默认设置。

1.6.2 对象的镜像

用户在3ds Max中创建模型时，会发现对于一些具有对称结构的模型，可以通过镜像命令快速地制作出来。

在视口中选择任一对象，在主工具栏上单击"镜像"按钮，打开"镜像"对话框，如右图所示。在开启的对话框中设置镜像参数，然后单击"确定"按钮完成对象的镜像操作。

下面介绍"镜像"对话框中各参数的含义。

（1）镜像轴

在"镜像轴"选项区域中选择X、Y、Z、XY、YZ或ZX单选按钮，可以指定镜像的方向。

"偏移"用于指定镜像对象轴点距原始对象轴点之间的距离。

（2）克隆当前选择

"克隆当前选择"选项区域用于确定由"镜像"功能创建的副本的类型。默认设置为"不克隆"。

- **不克隆：** 在不制作副本的情况下，镜像选定对象。
- **复制：** 将选定对象的副本镜像到指定位置。
- **实例：** 将选定对象的实例镜像到指定位置。
- **参考：** 将选定对象的参考镜像到指定位置。
- **镜像 IK 限制：** 当围绕一个轴镜像几何体时，会导致镜像IK约束（与几何体一起镜像）。如果不希望IK约束受"镜像"命令的影响，可取消勾选该复选框。

1.6.3 对象的对齐

对齐工具可以使所选对象与目标对象按某种条件实现对齐，3ds Max提供了6种不同的对齐方式。按住主工具栏中的"对齐"按钮不放，即可显示所有的列表，依次为对齐、快速对齐、法线对齐、放置高光、对齐摄影机、对齐到视图，其中"对齐"为最常用的对齐方式，如下左图所示。

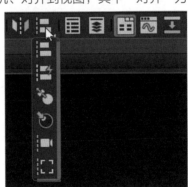

在视口中选择源对象，单击工具栏中"对齐"按钮，将光标定位到目标对象上并单击，打开"对齐当前选择"对话框，设置相关参数，最后单击"确定"按钮，如下右图所示。

1.6.4 对象的捕捉

捕捉操作可以帮助我们精确地对3D空间的活动对象进行定位和调整。在3ds Max中包含多种捕捉对象选项，用于实际操作中激活不同的捕捉类型。与捕捉操作相关的工具按钮包括"捕捉切换" 、"角度捕捉切换" 、"百分比捕捉切换" 和"微调器捕捉切换" 。各按钮的含义请参照1.2.2节中相关的内容。

在任意一个捕捉按钮上右击，打开"栅格和捕捉设置"对话框，其中三种常用的为"捕捉""选项"和"主栅格"选项卡。

- **"捕捉"选项卡：** 在该选项卡中可以选择捕捉对象，常用于对场景中的栅格点、顶点、端点、中点进行捕捉，如下左图所示。
- **"选项"选项卡：** 在该选项卡中可以设置捕捉的角度值或百分比值，还可以设置是否选择"捕捉到冻结对象"和"启用轴约束"等参数，如下中图所示。
- **"主栅格"选项卡：** 在该选项卡中可以设置栅格尺寸等相关参数，如下右图所示。

提示：角度捕捉的设置方法

在3ds Max中开启角度捕捉后，默认旋转角度为5，用户可以根据需要在打开的"栅格和捕捉设置"对话框的"选项"选项卡中设置"角度"值来调整旋转的角度。

 ## 知识延伸：VRay的设置

VRay是由Chaos Group和Asgvis公司出品的一款高质量渲染软件，是非常受业界欢迎的渲染引擎。基于VRay内核开发的有VRay for 3ds Max、Maya、SketchUp和Rhino等诸多版本，VRay为不同领域的优秀3D建模软件提供了高质量的图片和动画渲染。

安装VRay插件后，打开3ds Max应用程序，会显示悬浮在视口中的VRay工具栏，拖拽将其放在合适的位置，例如放在界面左侧，如下左图所示。

3ds Max默认使用自带的渲染工具，安装完VRay后，还需要进一步设置。在工具栏中单击"渲染设置"按钮，或按F10功能键，如下右图所示。

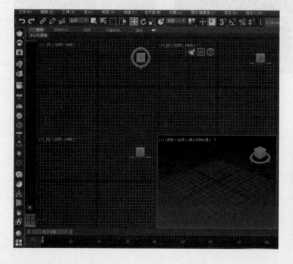 

打开"渲染设置"面板，单击"渲染器"右侧下三角按钮，在列表中选择安装的VRay插件选项，如下左图所示。如果选择"V-Ray 6 Update 1.1"选项，表示使用计算机的CPU进行渲染；如果选择"V-Ray GPU 6 Update 1.1"选项，表示使用计算机的显卡进行渲染。用户可以根据计算机的配置进行选择。

如果一直保持3ds Max通过V-Ray 6进行渲染，在"渲染设置"面板的"公用"选项卡中展开"指定渲染器"卷展栏，此时"产品级"和"材质编辑器"默认为设置的渲染器，单击"保存为默认设置"按钮，如下右图所示。在弹出的提示对话框中单击"确定"按钮即可。

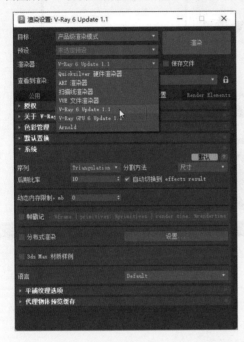
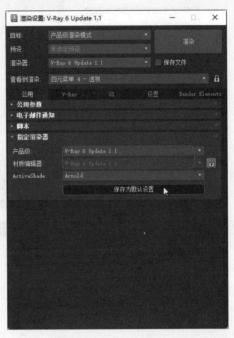

上机实训：利用镜像工具快速摆放餐具和餐椅模型

本章我们认识了3ds Max的工作界面、软件视口和常用工具，接下来根据所学的内容进行餐具模型摆放操作。本案例将使用复制和镜像功能快速将一套餐具变为四套，将一把餐椅变为四把，并且整齐地摆放。下面介绍具体操作方法。

扫码看视频

步骤 01 打开实例文件中"餐桌.max"文件，在视口中可见餐桌上只有一套餐具和一把餐椅，如下左图所示。渲染后的效果（仅作参考），如下右图所示。

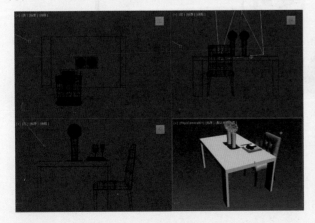

步骤 02 首先镜像餐具，即在"顶"视口中选择餐具模型，单击主工具栏中的"镜像"按钮，打开"镜像：屏幕 坐标"对话框，在"镜像轴"区域中选中"Y"单选按钮，设置"偏移"为600mm；在"克隆当前选择"区域中选中"复制"单选按钮，如下左图所示。

步骤 03 在"顶"视口中设置为"默认明暗处理"，可见餐具镜像后的效果。此时镜像后餐具的筷子模型在左手边，如下右图所示。

 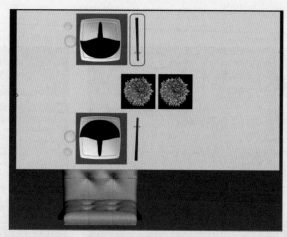

提示：设置"镜像"对话框的坐标

打开"镜像"对话框，在名称右侧显示"屏幕 坐标"，如果需要切换为"世界 坐标"，则单击工具栏中"参考坐标系"下三角按钮，在列表中选择"世界"选项。

步骤 04 再次单击"镜像"按钮，在"镜像轴"区域中选中"X"单选按钮，设置"偏移"为0；在"克隆当前选择"区域中选择"不克隆"单选按钮，如下左图所示。

步骤 05 单击"确定"按钮，可见镜像后的餐具沿着X轴进行镜像，此时筷子在右手边，餐具摆放符合就餐习惯，如下右图所示。

 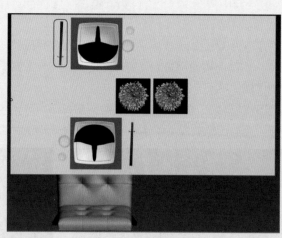

步骤 06 框选两套餐具模型，在菜单栏中选择"组"命令，如下页左图所示。

步骤 07 打开"组"对话框，在"组名"文本框中设置组的名称，单击"确定"按钮，即可将选中模型成组，如下页中图所示。

步骤 08 保持餐具模型为选中状态，单击工具栏中的"镜像"按钮，在打开的对话框中设置镜像轴为X，设置"偏移"为700mm，选中"复制"单选按钮，如下页右图所示。

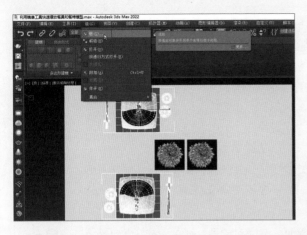
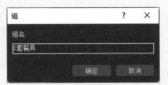

步骤 09 再次打开"镜像"对话框，设置镜像轴为X，选中"不克隆"单选按钮，如下左图所示。

步骤 10 操作完成后，各餐具摆放在合理的位置，从"顶"视口查看效果，如下中图所示。

步骤 11 根据相同的方法镜像餐椅，可以先镜像同侧的餐椅。选中餐椅模型，单击"镜像"按钮，在打开的对话框中设置沿X轴复制模型，如下右图所示。

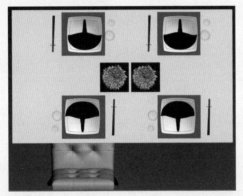
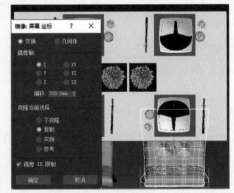

步骤 12 将两把餐椅模型进行成组，再次进行镜像，沿Y轴复制，如下左图所示。

步骤 13 因为餐椅模型不像餐具分左右，所以不需要再沿X轴镜像了，效果如下中图所示。

步骤 14 渲染后查看最终的效果，如下右图所示。

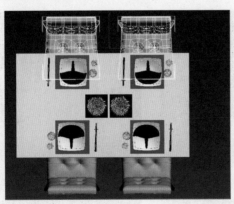

课后练习

一、选择题

（1）3ds Max的主要功能有（   ）。

A. 建模   B. 渲染

C. 动画   D. 以上都是

（2）使用主工具栏中"选择并链接"按钮建立对象之间父子链接关系，父子对象之间关系为（   ）。

A. 父级带动子级运动   B. 子级带动父级运动

C. 两者相互带动   D. 以上都是

（3）在3ds Max的场景中，只需要保存指定的对象时，选择对象后，在菜单栏中执行（   ）命令。

A. 文件>保存   B. 文件>保存副本为

C. 文件>另存为   D. 文件>保存选定对象

（4）在视口导航控制区域中单击（   ）按钮，可以同时调整所有视图中对象的显示比例。

A. 缩放   B. 缩放所有视图

C. 视野   D. 最大化视口切换

二、填空题

（1）命令面板由_____、_____、_____、_____、_____、_____6个子面板组成。

（2）在工具栏中包括_____、_____、_____和_____4个捕捉按钮。

（3）用户可以按下_____组合键，孤立当前选择的对象。

三、上机题

　　通过本章内容的学习，我们对3ds Max的界面、各功能区和常规的操作有一定的了解，接下来通过制作扶梯模型对所学知识进行巩固。首先绘制长方体，通过捕捉和复制功能完成楼梯制作，如下左图所示。然后绘制圆柱体，并制作一边的栏杆，通过镜像功能完成所有栏杆模型的制作，如下右图所示。

本章概述

　　建模是3ds Max的核心技术之一，本章将介绍3ds Max中常用的建模技术，包括标准基本体建模、扩展基本体建模和复合对象建模等。通过本章内容的学习，用户可以熟练创建基本模型，为以后3ds Max的学习打下坚实的基础。

核心知识点

❶ 掌握标准基本体和扩展基本体
❷ 掌握复合对象中布尔的应用
❸ 掌握AEC扩展
❹ 掌握创建建筑对象

2.1　什么是建模

　　建模是指通过建模软件（例如3ds Max），在虚拟世界中创造出模型的过程。在产品设计、环艺设计等领域，建模是最基础，也是最重要的工作之一。通过创建模型，将外场景框架模型搭建完成，在此基础上再进行灯光、材质、贴图、渲染或动画等操作。

　　下左图为客厅的沙发、抱枕、茶几、台灯等模型效果。下右图为餐桌上红酒杯、盘子等模型效果。

　　3ds Max 2024的创建几何体功能下包含了多种创建类型，分别是几何基本体、建筑对象、图形、复合对象、系统等。

2.2　标准基本体

　　3ds Max几何基本体中的标准基本体都是一些最基本、常见的几何体，包括长方体、圆锥体、球体、几何球体、圆柱体、管状体、圆环、四棱锥、茶壶、平面等。

　　在"创建"命令面板中切换至"几何体"选项，默认的就是"标准基本体"。在视口中创建不同的标准基本体，设置的参数也不同。

2.2.1　长方体

　　长方体的创建和圆柱体的创建方法相同，首先在"创建"命令面板中单击"长方体"按钮，在任意视口中绘制，为了更真实表现绘制的图形，一般在"透视"视口中绘制。按住鼠标左键绘制矩形，如下页左图所示。然后释放鼠标左键，移动光标绘制长方体的高度，最后单击即可完成长方体的绘制，如下右图所示。

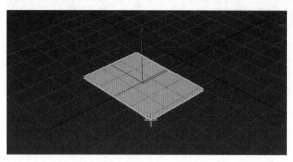 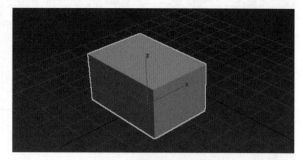

在"创建"命令面板下方的"参数"卷展栏中，可设置长方体的参数，如右图所示。

- **长度、宽度、高度**：设置长方体对象的长度、宽度、高度值。
- **长度分段、宽度分段、高度分段**：每个轴的分段数量会影响模型的修改以及面数。
- **生成贴图坐标**：生成将贴图材质应用于长方体的坐标。
- **真实世界贴图大小**：控制应用该对象的纹理贴图材质所使用的缩放方法。

2.2.2 圆锥体

圆锥体是由上半径、下半径和高3个元素决定的模型。首先绘制圆形，然后移动光标调整圆锥体的高度，最后再调整上方半径的大小，即可绘制下左图的圆锥体。圆锥体的参数设置面板如下右图所示。

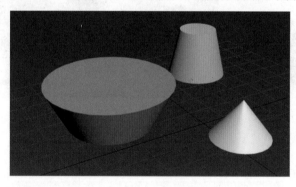 

- **半径1、半径2、高度**："半径1"为圆锥体的底圆半径，"半径2"为圆锥体的上圆半径，"高度"为圆锥体的高。
- **高度分段、端面分段**：每个轴的分段数量会影响到模型的修改以及面数。
- **边数**：设置的数值越大，圆的边越平滑。
- **启用切片**：勾选该复选框，将激活"切片起始位置"和"切片结束位置"，可以对圆锥体从上到下进行切割，只保留设置的部分，如下图所示。

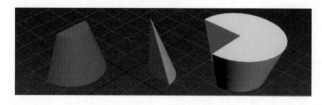

提示：如何理解切片的位置

　　3ds Max中圆锥体、圆柱体、球体和管状体都有"启用切片"功能，我们如何准确地设置切片的起始位置呢？下面以圆柱体和圆锥体为例进行介绍。当勾选"启用切片"复选框，切片以X轴的正方向为0，在XY平面沿着Z轴旋转一周是360°，如下左图所示。"切片的起始位置"是以X轴的正方向为0的位置；"切片的结束位置"是在XY平面沿着Z轴逆时针旋转指定角度的位置。例如，设置切片起始位置为0°，切片结束位置为90°，就是沿着Z轴从X正方向逆时针旋转90°，也就是到Y轴的位置，也就是切掉下右图阴影部分。球体和管状体的起始位置是以Y轴的正方向为0，然后按逆时针旋转的。其原理和圆锥体、圆柱体相同。

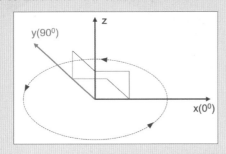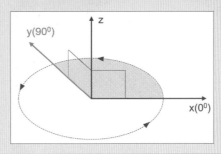

2.2.3　球体

　　球体在建模时一般用来制作球形的物体，例如水晶灯等。下左图是创建的球体模型，下右图为对应的参数面板。

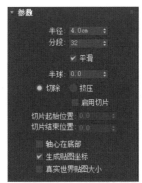

- **半径：**设置球体的半径，决定球体的大小。
- **分段：**设置球体的分段数量，数值越大，球体越圆滑。
- **平滑：**默认为勾选该复选框，会产生平滑的效果；取消勾选时，会产生尖锐的转折效果。下左图为勾选"平滑"复选框的效果，球体的边线和角处比较平滑。下右图为取消勾选的效果，球体的边线和角处转折比较尖锐。

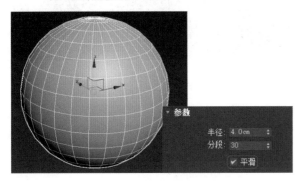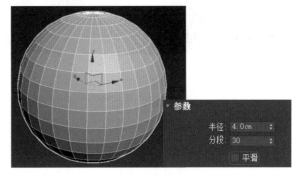

- **半球**：使球体变成一部分球体模型的效果，取值范围在0到1之间，"半球"为0时，球体是完整的；"半球"为0.5时，球体是一半；"半球"为1时，无球体。
- **切除**：这是使用"半球"时默认的方式，会直接将球体切掉，模型的布线不会改变，如下左图所示。
- **挤压**："半球"的另一种方式，球体被切除的同时，剩下部分会保持原模型的布线数量，其布线更密，如下右图所示。

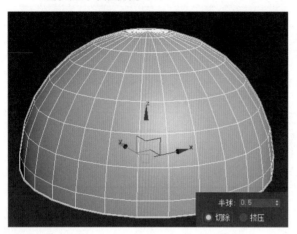 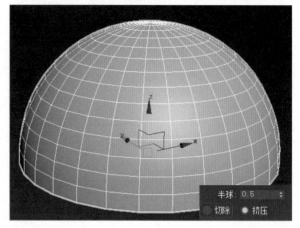

实战练习 利用标准基本体创建茶几模型

本节学习了标准基本体中的长方体、圆锥体和球体的创建以及相关参数设置，我们可以创建简单的模型。下面利用长方体和圆柱体绘制茶几模型。该模型比较简单，主要包括桌面、桌腿等，具体操作方法如下。

步骤01 打开3ds Max 2024，在"创建"面板的"几何体"选项中单击"长方体"按钮，在"透视"视口中绘制长方体。在"参数"卷展栏中设置"长度"为120cm，"宽度"为90cm，"高度"为2cm，如下左图所示。设置 X、Y、Z 的坐标值分别为0、0、51。

步骤02 切换到"顶"视口，在长方体的右上角绘制长方体，设置"长度"和"宽度"均为5cm，"高度"为50cm，然后设置 Z 坐标轴的值为0，如下右图所示。

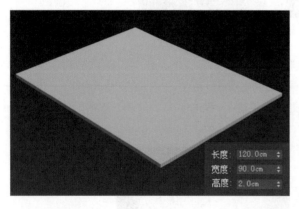 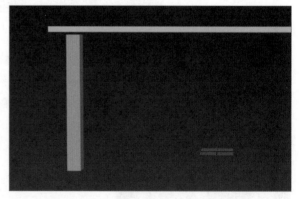

步骤03 单击"圆柱体"按钮，在"顶"视口中绘制圆柱体，设置"半径"为2.5cm，"高度"为1cm，再设置 Z 轴为50cm，正好位于茶几桌面和桌腿中间，如下页左图所示。

步骤04 选择绘制的桌腿模型和圆柱体，单击工具栏中的"镜像"按钮，在打开的对话框中设置"镜像轴"为"X"，"偏移"为74cm，选中"实例"单选按钮，如下页右图所示。

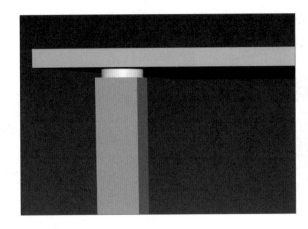

步骤 05 镜像后，效果如下左图所示。

步骤 06 复制任意桌腿模型，并设置沿*Y*轴旋转90度，设置*Z*轴为20cm，设置"宽度"为2cm，调整高度，使两个桌腿模型相连，如下右图所示。

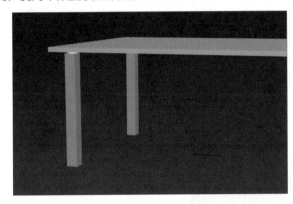

步骤 07 在"顶"视口中复制除桌面外的所有模型，单击"镜像"按钮，在打开的对话框中设置沿*Y*轴以实例的方式偏移-105cm，如下左图所示。

步骤 08 此时茶几的桌面和桌腿模型制作完成，如下右图所示。

步骤 09 将桌面模型复制一份并调整到横边的上方，调整长度和宽度并移到下方，茶几模型制作完成，如下页左图所示。

步骤 10 最后为茶几模型添加材质和灯光，渲染后的效果如下页右图所示。在之后的章节，将介绍灯光和材质的相关知识。

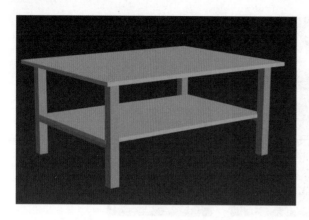

2.3 扩展基本体

几何基本体中的扩展基本体囊括了3ds Max中较为复杂的基本体，包括异面体、环形结、切角长方体、切角圆柱体、油罐、胶囊、纺锤、L-Ext（L形挤出）、球棱柱、C-Ext（C形挤出）、环形波、软管和棱柱，如下图所示。

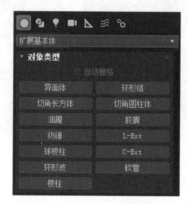

2.3.1 异面体

在面板中单击"异面体"按钮后，在"参数"卷展栏的"系列"选项区域中选择异面体的类型，然后在视口中按住鼠标左键拖拽，如下左图所示。"参数"卷展栏中各参数如下中、下右图所示。

- **系列**：使用该选项区域的选项，可以选择要创建的多面体的类型。
- **系列参数P、Q**：为多面体顶点和面之间提供两种方式变换的关联参数。
- **轴向比率P、Q、R**：控制多面体一个面反射的轴。

2.3.2 环形结

环形结可以通过在正常平面中围绕3D曲线绘制2D曲线来创建复杂或带结的环形。效果图和"参数"卷展栏，如下三图所示。

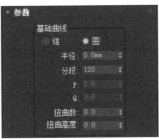

- **结/圆**：选择"结"单选按钮时，环形将基于其他各种参数自身交织。选择"圆"单选按钮时，可以出现围绕圆形的环形结效果。
- **P、Q**：设置上下（P）和围绕中心（Q）的缠绕数值。
- **扭曲数/扭曲高度**：设置曲线周围星形中的点数和扭曲的高度。
- **偏心率**：设置横截面主轴与副轴的比率。
- **扭曲**：设置横截面围绕基础曲线扭曲的次数。

2.3.3 切角长方体

切角长方体可以创建具有倒角或圆形边的长方体，常用来创建沙发等模型。在视口中创建切角长方体，在"参数"卷展栏中设置"圆角"参数后，长方体的边将变圆滑，如下左图所示。"参数"卷展栏如下右图所示。

油罐、胶囊和纺锤等是圆柱的扩展几何体，这类几何模型被称为扩展基本体，是因为它们都是由标准基本体演变而来的。

2.4 复合对象

在3ds Max中，用户可以将现有的两个或多个对象组合成单个新对象，用于组合的现有对象既可以是二维图形也可以是三维对象，而组合成的新对象即为它们的复合对象。复合对象建模命令包括变形、散布、一致、连接、水滴网格、图形合并、地形、放样、网格化、ProBoolean（超级布尔）、ProCutter（超级切割）和布尔12种，如右图所示。

　　其中图形合并、布尔及放样较为常用，下面详细介绍这3种的具体使用方法。

2.4.1　图形合并

　　图形合并可以将一个或多个图形嵌入其他对象的网格中，或者将其从网格中移除。图形合并工具可以将图形快速添加到三维模型表面，其参数面板如下两图所示。

下面介绍各主要参数的含义。

- **拾取图形**：单击该按钮，即可单击要嵌入网格对象中的图形。
- **参考/复制/移动/实例**：指定如何将图形传输到复合对象中。
- **"运算对象"列表**：在复合对象中列出所有的操作对象。
- **删除图形**：从复合对象中删除选中图形。
- **提取运算对象**：提取选中操作对象的副本或实例。在列表窗中选择操作对象后，此按钮可用。
- **实例/复制**：指定如何提取操作对象，可以作为实例或副本进行提取。
- **饼切**：切去网格对象曲面外部的图形。
- **合并**：将图形与网格对象曲面合并。
- **反转**：反转"饼切"或"合并"效果。
- **更新**：当选中"更新"选项区域"始终"之外的任意单选按钮时，单击此按钮，将更新显示。

2.4.2　布尔

　　布尔运算是对两个或两个以上对象进行并集、交集、差集、合并、附加、插入等运算，从而得到一个新的复合对象。布尔对象有"布尔参数"和"运算对象参数"两个卷展栏，如下页两图所示。

参数面板中各主要参数的含义介绍如下。

"布尔参数"卷展栏可进行运算对象的添加、移除等操作，用户执行布尔运算后，单击"添加运算对象"按钮，接着在视口中单击对象，即可将其添加到复合对象中；在"运算对象"列表中选择对象名称后，单击"移除运算对象"按钮，即可将其移除。

- **并集**：将运算对象相交或重叠的部分删除，并执行运算，对象的体积合并，如下左图所示。
- **交集**：将运算对象相交或重叠的部分保留，删除其余部分，如下中图所示。
- **差集**：从基础（最初选定的）对象中移除与运算对象相交的部分，如下右图所示。

- **合并**：将运算对象相交并组合，不移除任何部分，只是在相交对象的位置创建新边。
- **附加**：将运算对象相交并组合，既不移除任何部分也不在相交的位置创建新边，各对象实质上是复合对象中的独立元素。
- **插入**：从运算对象 A（当前结果）减去运算对象 B（新添加的操作对象）的边界图形，运算对象B的图形不受此操作的影响。
- **盖印**：勾选此复选框，可在操作对象与原始网格之间插入（盖印）相交边，而不移除或添加面。

2.4.3 放样

放样是将参与操作的某一样条线作为路径，其余样条线作为放样的横截面或图形，从而在图形之间生成曲面，创建一个新的复合对象。

执行放样操作之前，必须创建作为放样路径或横截面的图形，选择其一来执行操作。右图为放样对象的参数卷展栏，包括"创建方法""曲面参数""路径参数"和"蒙皮参数"。

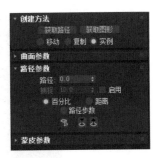

- **创建方法**：确定使用图形还是路径创建放样对象，并指定路径或图形转换为放样对象的方式。
- **曲面参数**：控制放样曲面的平滑度，并指定是否沿着放样对象应用纹理贴图等。
- **路径参数**：控制在路径的不同位置插入不同的图形。
- **蒙皮参数**：调整放样对象网格的复杂性，还可通过控制面数来优化网格。

2.5 AEC扩展对象

建筑对象中的AEC扩展对象是专门用于建筑、工程、构造等设计领域的模型。AEC扩展对象共包括3类，分别为植物、栏杆和墙。

2.5.1 植物

3ds Max内置了12种植物，包括花草树木。我们选中相应的植物元素后，在视口中单击即可完成添加。例如添加"一般的橡树"，如下左图所示。其"参数"卷展栏如下右图所示。

 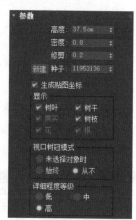

- **高度**：设置植物生长的高度。
- **密度**：设置植物叶子和花朵的数量，数值介于0~1之间。当为1时，表示植物有完整的叶子；当为0时，表示植物没有叶子。
- **修剪**：设置植物的修剪效果，数值越大，修剪程度也越大。
- **种子**：随机设置一个数值会出现一个随机的植物样式。
- **显示**：控制是否显示树叶、果实、花、树干、树枝和根。例如，取消勾选"树叶"复选框，则植物不显示树叶，如下左图所示。
- **视口树冠模式**：用来设置树冠在视口中的显示模式。默认是"未选择对象时"，表示当选择对象时，显示对象的全貌，不选择时，3ds Max为了节省内存，显示不完整，如下右图所示。当选择"始终"单选按钮时，无论选择还是没有选择都显示下右图的效果；当选择"从不"单选按钮，则始终显示全貌。

 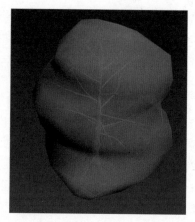

● **详细程度等级**：用于设置植物渲染的细腻程度，共有3种等级，分别为"低""中"和"高"。"低"
等级用来渲染植物的树冠，"中"等级用来渲染减少了面的植物；"高"等级用来渲染植物的所有面。

2.5.2　栏杆

栏杆工具是由栏杆、立柱和栅栏3部分组成的，其对应的
参数面板如右两图所示。

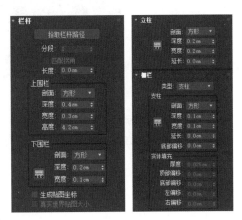

（1）"栏杆"卷展栏

● **拾取栏杆路径**：单击该按钮，在视口中拾取样条线来作
为栏杆的路径。

● **分段**：设置栏杆对象的分段数。

● **匹配拐角**：勾选该复选框，在栏杆中放置拐角，以匹
配栏杆路径的拐角。

● **长度**：设置栏杆的长度。

● **上围栏**：用于设置栏杆上围栏的剖面、深度、宽度和高度。

● **下围栏**：用于设置栏杆下围栏的剖面、深度和宽度。

● **下围栏间距▦**：单击该按钮，打开"下围栏间距"对话框，设置下围栏之间的间距，如下左图所示。

（2）"立柱"卷展栏

● **剖面**：指定立柱的横截面形状。

● **深度和宽度**：设置立柱的深度和宽度。

● **延长**：设置立柱在上栏杆底部的延长量。

● **立柱间距▦**：单击该按钮打开"立柱间距"对话框，设置立柱的间距，如下中图所示。

（3）"栅栏"卷展栏

● **类型**：指定立柱之间栅栏类型，包括"无""支柱"和"实体填充"3种类型。

● **支柱**：当"类型"为"支柱"时，激活该组参数。单击"支柱间距"▦按钮，打开"支柱间距"对
话框，如下右图所示。

● **实体填充**：当类型为"实体填充"时，激活该组参数，可设置相关数值。

2.5.3　墙

墙工具可以快速创建建筑物的墙，在"参数"卷展栏中设置墙的宽度和高度，然后绘制墙，如下页左
图所示。"参数"卷展栏如下页右图所示。

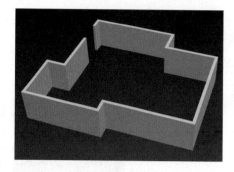

2.6 其他建筑对象

在"创建"面板下的"几何体"中，3ds Max除了提供基本几何体外，还提供了一系列建筑对象，可用于一些项目模型的构造块。这些对象包括门、窗、楼梯和AEC 扩展（植物、栏杆和墙）等。用户可以在"创建"面板中单击"几何体"下方的下拉按钮，在几何体类型列表中选择相应选项，即可打开相应的面板。下三图分别为门、窗和楼梯面板。

（1）门

在3ds Max中，使用预置的门模型不仅可以控制门外观的细节，还可以将门设置为打开、部分打开或关闭状态，甚至可以为其设置打开的动画。"门"类别包括"枢轴门""推拉门"和"折叠门"3种类型。

（2）窗

3ds Max提供了6种类型的窗，分别为"遮篷式窗""平开窗""固定窗""旋开窗""伸出式窗"和"推拉窗"，如下图所示。用户可以控制窗口外观，例如将窗设置为打开、部分打开或关闭状态，还可以设置窗打开的动画等。

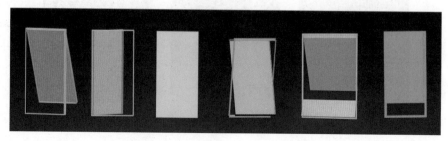

（3）楼梯

在3ds Max中，用户可以创建4种不同类型的楼梯，分别是"直线楼梯""L 型楼梯""U 型楼梯"和"螺旋楼梯"。

知识延伸：VRay毛皮工具

VRay毛皮工具可以用来模拟毛发、地毯和草坪等效果。VRay毛皮工具不是3ds Max自带的功能，需要安装VRay插件才能使用。其"参数"卷展栏如下两图所示。

步骤 01 打开"花盆.max"文件，在花盆模型中创建圆柱体，如下左图所示。接下来需要在圆柱体上创建VRay毛皮制作的绿植。

步骤 02 选择绘制的圆柱体，在"创建"面板的"几何体"选项卡中单击右侧下三角按钮，在列表中选择"VRay"选项，单击"VRay毛皮"按钮，然后设置"参数"卷展栏中相关参数，如下中、下右图所示。

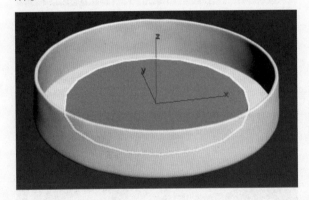

步骤 03 设置毛皮的颜色为绿色，此时设置的厚度只能通过渲染查看。添加灯光和摄影机，渲染后的效果如右图所示。

上机实训：制作简约的沙发模型

本章我们学习了常用的、基础的建模技术，包括标准基本体、扩展基本体和复合对象等。接下来将利用扩展基本体中"切角长方体"和标准基本体中"圆柱体"工具制作简约的沙发模型，下面介绍具体操作方法。

扫码看视频

步骤01 单击"扩展基本体"中的"切角长方体"按钮，在"透视"视口中绘制长方体。在"参数"卷展栏中设置"长度"为120cm、"宽度"为30cm、"高度"为6cm、"圆角"为1cm、"圆角分段"为10，如下左图所示。设置X和Y坐标值为0，Z坐标值为10cm。

步骤02 选择绘制的长方体，单击"镜像"按钮，在打开的对话框中设置沿Z轴偏移12cm，复制一个长方体，如下右图所示。

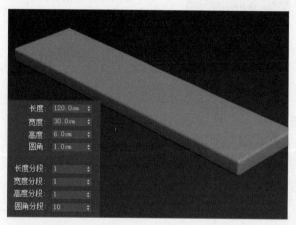
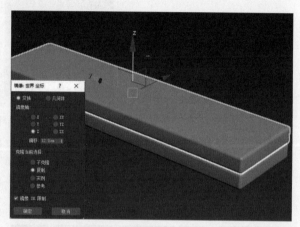

步骤03 选择复制的长方体，在"修改"面板中设置"长度"为60cm、"高度"为8cm，设置Y和Z坐标值，使其位于大长方体的上方左侧，如下左图所示。

步骤04 选择小的长方体，按住Shift键拖动Y轴，沿Y轴方向复制长方体，在打开的对话框中选择"实例"单选按钮，最后调整Y轴的值为-30cm，如下右图所示。

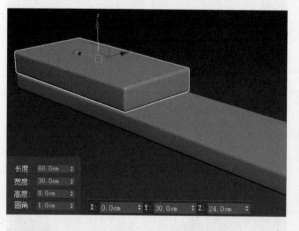
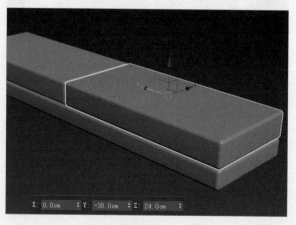

步骤05 按住Ctrl键选择两个坐垫模型，在"层次"面板中单击"仅影响轴"按钮，然后沿X轴调整到边缘，如下页左图所示。

步骤06 按住Shfit键，使用"选择并旋转"工具将其旋转90度，制作成靠背模型。在"修改"面板中设置"宽度"为40cm，再使用"选择并移动"工具调整位置，如下页右图所示。

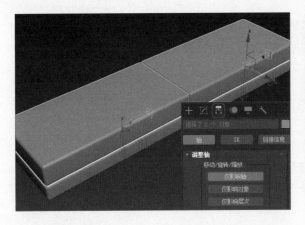 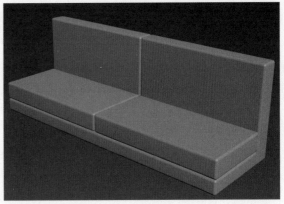

步骤 07 选择任意一个坐垫模型并复制，设置"长度"为30cm、"宽度"为38cm，然后旋转并放在沙发的两侧，如下左图所示。

步骤 08 单击"标准基本体"中"圆柱体"按钮，绘制"半径"为2cm、"高度"为10cm的圆柱体，并通过复制或镜像功能制作沙发腿模型，如下右图所示。

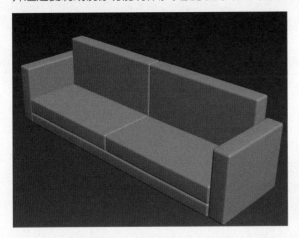 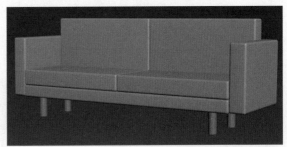

步骤 09 单击"扩展基本体"中"切角圆柱体"按钮，绘制图形后，设置"半径"为5cm、"高度"为30cm、"圆角"为3cm、"圆角分段"为23，旋转和调整后移到合适的位置。至此，沙发模型制作完成，如下图所示。

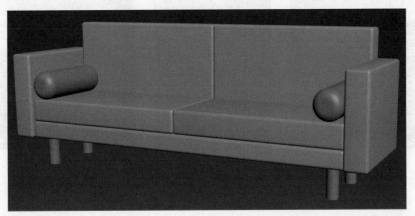

课后练习

一、选择题

（1）在3ds Max中创建圆锥体和圆柱体，启用切片时，是以（　　）轴的正方向为0。

    A. X B. XY

    C. Y D. Z

（2）创建切角长方体时，设置（　　）可以让边变圆滑。

    A. 切角   B. 圆角

    C. 长度   D. 高度分段

（3）（　　）将运算对象相交或重叠的部分删除，并执行运算，对象的体积合并。

    A. 合并   B. 差集

    C. 并集   D. 交集

二、填空题

（1）在3ds Max中创建球体模型，设置"半球"数值后，共有＿＿＿＿＿＿和＿＿＿＿＿＿两种模式。

（2）AEC扩展共包括3类，分别为＿＿＿＿＿、＿＿＿＿＿和＿＿＿＿＿。

（3）＿＿＿＿＿是将参与操作的某一样条线作为路径，其余样条线作为放样的横截面或图形，从而在图形之间生成曲面，创建出一个新的复合对象。

三、上机题

    安装VRay插件后，可以为模型添加VRay毛皮，下面介绍如何使用VRay毛皮功能为浴巾添加毛茸茸的效果。首先打开"浴巾.max"文件，如下左图所示。选中浴巾模型，在"创建"的"几何体"中单击"VRay毛皮"按钮，在"参数"卷展栏中设置相关参数，如下中图所示。渲染后的效果如下右图所示。

第3章 3ds Max高级建模技术

本章概述

　　本章主要介绍3ds Max中几种高级建模方式，包括样条线建模、修改器建模、可编辑对象建模等。通过本章内容的学习，读者可以更加全面地掌握3ds Max高级建模方法，从而创建更复杂的模型。

核心知识点

❶ 掌握样条线建模

❷ 掌握修改器建模

❸ 掌握可编辑对象建模

❹ 了解Cloth修改器的应用

3.1 什么是高级建模

　　本章将介绍3ds Max高级建模的相关内容，主要包括样条线建模、修改器建模和可编辑对象建模。样条线是二维图形，没有深度，可以是开放的也可以是封闭的，它可以制作出很多线型结构的模型。下左图为制作水晶灯模型的效果，下右图是制作水龙头模型的效果。

　　为图形或模型添加修改器，可以使原来的图形或模型发生变形。每种修改器产生的效果不同，本章将修改器分为二维图形修改器和三维图形修改器两大类介绍常用修改器的参数设置和使用方法。下左图是使用车削修改器制作台灯模型的效果，下右图的抱枕、床上被子落下的效果都可以通过修改器制作。

　　在制作模型时，如果之前介绍的建模功能都很难实现，可以使用可编辑对象建模。可编辑对象建模是3ds Max中比较复杂的建模方式，其功能比较强大，可以制作出更为复杂的模型。下页左图为使用可编辑对象制作的造型更加复杂的椅子模型，下页右图为使用可编辑对象制作的更加圆滑的耳机模型。

3.2 常用的样条线

样条线是二维图形，是一条没有深度的连续线，可以是开放的，也可以是封闭的。

在"创建"命令面板的"图形"选项卡中默认选择的就是"样条线"，其中还包括NURBS曲线、复合图形、扩展样条线和Max Creation Graph等，如下左图所示。样条线是默认的图形类型，其中包括13种样条线类型，常用的有线、矩形、圆、多边形、文本等，如下右图所示。

下面介绍各类型样条线的含义。

- **线**：可以创建直线或弯曲的线，可以是闭合的图形，也可以是开放的图形。
- **矩形**：用于创建矩形图案。
- **圆**：用于创建圆形图案。
- **椭圆**：用于创建椭圆形图案。
- **弧**：用于创建弧形图案。
- **圆环**：用于创建两个圆形呈环形套在一起的图案。
- **多边形**：用于创建多边形图案，例如三角形、四边形、五边形和六边形等。
- **星形**：用于创建星形图案，还可以设置星形的点数和圆角。
- **文本**：用于创建文字。
- **螺旋线**：用于创建很多圈的螺旋线图案。
- **卵形**：用于创建类似蛋形状的图案。
- **截面**：一种特殊类型的样条线，可以通过几何体对象基于横截面切分生成图形。
- **徒手**：以手绘的方式绘制更灵活的线。

提示：绘制直线的技巧

在视图中绘制直线时，只需要按住Shift键不放，单击确定第一个点，然后移动鼠标，即可绘制水平或垂直方向上的直线。

3.2.1 线

使用线工具可以绘制任意的线效果,例如直线、曲线等。绘制的二维线图形,还可以修改为三维效果,或应用于其他建模方式。在命令面板中单击"线"按钮,在下方显示关于线的卷展栏,例如渲染、插值、创建方法等,如下左图所示。

(1)"创建方法"卷展栏

创建线前,可以根据需要在"创建方法"卷展栏中选择绘制的效果,该卷展栏如下右图所示。

"初始类型"默认选中"角点"单选按钮,此时创建转折效果的线,如下左图所示。如果绘制线之前选中"平滑"单选按钮,创建的线是平滑的效果,特别是在拐角处是平滑的,如下右图所示。

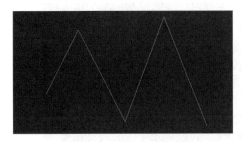
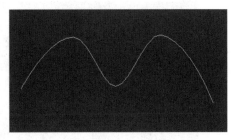

在"拖动类型"中选中"平滑"或"Bezier"单选按钮,绘制直线转折时按住鼠标左键不放进行拖拽使拐角处平滑;如果选中"角点"单选按钮,则拖拽鼠标绘制的转折是角点效果。

(2)"渲染"卷展栏

在3ds Max中创建线后,可以在"创建"命令面板的"渲染"卷展栏中进一步设置为三维效果。也可以在"修改"命令面板中展开"渲染"卷展栏,相关参数如右图所示。下面介绍卷展栏中各主要参数的含义。

- **在渲染中启用**:勾选该复选框,在渲染时样条线会呈现三维效果。
- **在视口中启用**:勾选该复选框,样条线在视图中会呈现三维效果。
- **径向**:设置样条线的横截面为圆形。"厚度"用于设置样条线的直径;"边"用于设置样条线的边数;"角度"用于设置横截面的旋转位置。效果如下页左图所示。
- **矩形**:设置样条线的横截面为矩形。"长度"用于设置沿局部 Y 轴的横截面大小;"宽度"用于设置沿局部 X 轴的横截面面积大小;"角度"

用于调整视图或渲染器中横截面的旋转位置；"纵横比"用于设置矩形横截面的纵横比。效果如下右图所示。

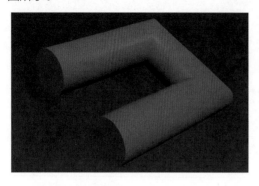

（3）"插值"卷展栏

在"插值"卷展栏中通过设置"步数"值，可以设置绘制图形的圆滑程度。默认设置"步数"为6，如下图所示。

下面介绍"插值"卷展栏中各参数的含义。

● **步数**：数值越大，图形越圆滑。下图左侧"步数"为2，右侧"步数"为20。

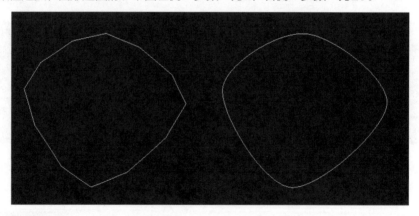

● **优化**：勾选该复选框，可以从样条线的直线线段中删除不需要的步数。
● **自适应**：勾选该复选框，会自适应设置每条样条线的步数，从而生成平滑的曲线。

3.2.2 矩形

使用矩形工具可以创建长方形、圆角矩形等效果，用以制作画像、镜子、茶几、沙发等模型。在"创建"命令面板中单击"矩形"按钮，在"顶"视图中按住鼠标左键拖拽绘制矩形，如下页左图所示。在"参数"卷展栏中可以设置创建矩形的长度、宽度和角半径，如下页右图所示。

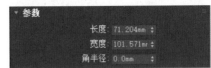

在"参数"卷展栏中设置矩形的"长度"和"宽度"值后，设置"角半径"的值可以制作圆角矩形的效果。下图中左侧矩形的"角半径"为2mm，右侧矩形的"角半径"为10mm。

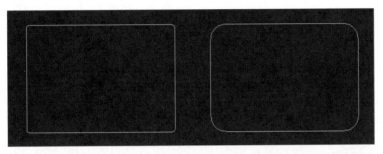

提示：圆、椭圆、弧、圆环、多边形和星形等

在3ds Max中绘制圆、椭圆、弧和圆环等图形时，绘制的方法和绘制矩形类似，在"参数"卷展栏中设置相应参数即可，本书不再赘述。

3.2.3　文本

使用文本工具可以在3ds Max中创建文本对象。在命令面板中单击"文本"按钮后，在视图中单击即可创建一组文字，如下左图所示。"参数"卷展栏中各参数如下右图所示。

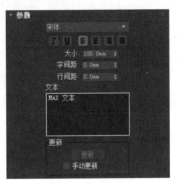

下面介绍"参数"卷展栏中各主要参数的含义。

- **字体：**单击右侧下三角按钮，在列表中显示计算机中所有安装的字体，直接选择即可设置字体。
- **斜体：**单击该按钮，可以设置文本为斜体。
- **下划线：**单击该按钮，可以为文本添加下划线。
- **对齐方式：**包括左对齐、居中对齐、右对齐、分散对齐。默认的文本为左对齐效果，如下页左图所示。分散对齐效果如下页右图所示。
- **大小：**调整数值框中的数值大小，可以调整文本的高度，默认的"大小"为100mm。

- **字间距：**设置文字之间的间距，默认是0mm。
- **行间距：**设置文本中行与行之间的间距，默认是0mm。
- **文本：**在该文本框中输入需要的文本，如果需要换行，按Enter键。

实战练习 使用样条线创建墙体模型

本节主要学习样条线建模，例如线、矩形和文本的创建。接下来介绍在3ds Max中导入CAD图形，并根据图形制作室内的墙体模型，该方法常用在室内设计、景观设计和建筑设计中。下面介绍具体操作步骤。

步骤01 打开3ds Max，在菜单栏中执行"文件>导入>导入"命令，在打开的对话框中选择"卧室.dwg"图形文件，单击"打开"按钮，在弹出的提示对话框中直接单击"确定"按钮，即可将CAD文件导入3ds Max中，如下左图所示。

步骤02 右击添加图形，在快捷菜单中选择"冻结当前选择"命令，如下右图所示。此时图形变为灰色无法选择，其目的是防止误操作到该图形。

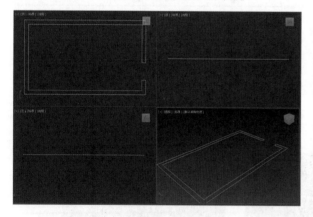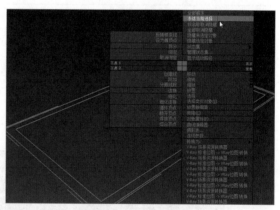

步骤03 激活"捕捉开关" ，然后右击该按钮，打开"栅格和捕捉设置"对话框，在"捕捉"选项卡中勾选"端点"复选框，如下左图所示。切换至"选项"选项卡，勾选"捕捉到冻结对象"复选框，如下右图所示。

步骤 04 然后使用"样条线"中的"线"工具,沿着CAD图形文件进行绘制,绘制的点会自动捕捉到线段的端点,最后使其首尾闭合,如下左图所示。

步骤 05 接下来,需要使用的修改器会在之后的小节中介绍。选择绘制的图形,在"修改"选项卡中添加"挤出"修改器,在"参数"卷展栏中设置"数量"为280cm,如下右图所示。

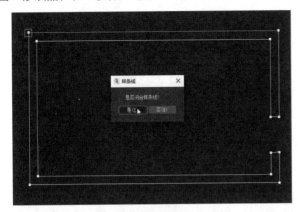

步骤 06 在"透视"视口中查看设置墙高为280cm的墙体模型,如下左图所示。

步骤 07 接着使用"线"工具沿着CAD图形的外侧绘制直线,如下右图所示。

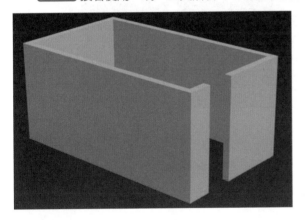
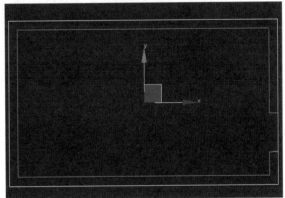

步骤 08 根据相同的方法添加"挤出"修改器,设置"数量"为20cm,制作出地面模型,效果如下左图所示。

步骤 09 复制一份地面模型移到顶部,完成房顶的制作。最终效果如下右图所示。

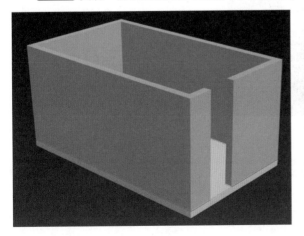
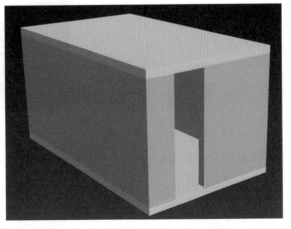

3.3　修改器建模

修改器建模是为模型或图形添加修改器并设置参数，从而产生新模型的建模方式。用户在利用"创建"面板创建好模型后，还需要到"修改"面板中进行修改。在"修改"面板中除了可以修改模型对象的原始创建参数外，还可以给对象添加修改器，从而创建出更为复杂生动的模型。

在3ds Max"修改"面板的"修改器列表"中将修改器分为3类，分别为"选择修改器""世界空间修改器"和"对象空间修改器"，如下四图所示。

3.3.1　编辑修改器

模型创建完成后，单击"修改"面板，不仅可以对模型参数进行设置，还可以为其添加修改器。下图为某一样条线的修改面板，从上至下依次为对象的名称、颜色、修改器列表、修改器堆栈、堆栈控件及各参数卷展栏。

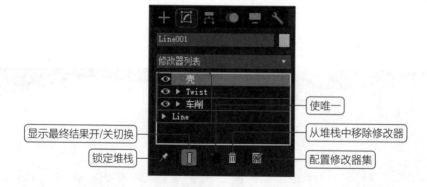

- **修改器列表**：单击下拉按钮，即可为选定对象添加相应的修改器，随即该修改器将显示在堆栈中。
- **修改器堆栈**：应用于对象的修改器将存储在堆栈中，在堆栈中单击某一修改器名称，即可打开相应的参数卷展栏。在堆栈中，上下调整修改器的顺序，或者移除其修改器，可改变呈现的效果。用户也可以在修改器上右击，在快捷菜单中选择"塌陷到"或"塌陷全部"命令，使更改一直生效。
- **锁定堆栈**：激活该按钮，即可将堆栈锁定到当前选定对象上，整个"修改"面板同时锁定到当前对象。无论后续选择如何更改，即使选择了视口中其他对象，修改面板也仍然属于该对象。

- **显示最终结果开/关切换**：激活该开关后，将在选定对象上显示堆栈中所有修改完毕后出现的结果，与用户当前所在堆栈中的位置无关。禁用此该开关后，对象将显示堆栈中的当前最新修改。
- **使唯一**：将实例化修改器转化为副本，断开与其他实例之间的联系，从而将修改特定于当前对象。
- **从堆栈中移除修改器**：在堆栈中选择相应的修改器，单击该按钮即可将其删除。
- **配置修改器集**：单击该按钮，可以打开修改器集菜单。

提示：修改器子对象层级的访问与操作

修改器除了自身的参数集外，一般还有一个或多个子对象层级，可以通过修改器堆栈访问，最常用的有Gizmo和中心等，如右图所示。用户可以像对待对象一样，对其进行移动、缩放和旋转操作，从而改变修改器对象的影响。

3.3.2 二维图形常用修改器

在3ds Max中修改器主要分为两大类，分别为二维图形修改器和三维图形修改器。本节主要介绍创建模型时常用的二维图形修改器，例如挤出、车削、倒角、倒角剖面等。

（1）挤出修改器

挤出修改器可以为二维图形对象增加一定的深度，使其成为一个三维实体对象。使用该修改器时，需要确保二维图形中的样条线处于闭合状态，否则将挤出一个片面对象，而不是实体效果。

挤出修改器的"参数"卷展栏如右图所示。下面介绍各参数的含义。

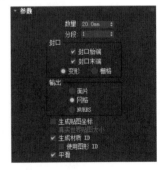

- **数量**：设置挤出的深度，默认为0代表没有挤出，数值越大挤出厚度越大。
- **分段**：指定在挤出对象深度方向上线段的数目。
- **"封口"选项区域**：设定挤出的始端或末端是否生成平面，以及该平面的封口方式。
- **"输出"选项区域**：设定挤出对象的输出方式，有面片、网格和NURBS 3种方式。
- **生成贴图坐标**：将贴图坐标应用到挤出对象中。
- **真实世界贴图大小**：控制应用于该对象的纹理贴图所使用的缩放方法。
- **生成材质 ID**：将不同的材质ID指定给挤出对象的侧面与封口。
- **使用图形 ID**：将材质ID指定给在挤出产生的样条线中的线段，或指定给在NURBS挤出产生的曲线子对象。
- **平滑**：将平滑效果应用于挤出图形。

（2）车削修改器

车削修改器是通过绕轴旋转一个图形来创建3D模型，常用来制作花瓶、罗马柱、玻璃杯等模型。车削修改器"参数"卷展栏如右图所示。下面介绍各参数的含义。

- **度数**：设置对象绕轴旋转的度数，范围为0至360，默认值是360。
- **焊接内核**：将旋转轴上的顶点焊接起来，从而简化网格。

- **翻转法线**：因图形上顶点的方向和旋转方向，旋转对象可能会内部外翻，勾选"翻转法线"复选框可修复这个问题。
- **分段**：在起始点之间，确定车削出的曲面上有多少条线段，数量越大，模型越光滑。
- **"封口"选项区域**：设置是否在车削对象内部创建封口及封口方式。
- **"方向"选项区域**：设置相对对象车削的轴点，旋转轴的旋转方向，有X、Y和Z 3种方向可供选择。
- **"对齐"选项区域**：将旋转轴与图形的最小、中心或最大范围进行对齐操作。
- **"输出"选项区域**：用于设置车削后得到的对象类型，有"面片""网格"和"NURBS"3个单选按钮供选择。

（3）倒角修改器

倒角修改器可以将二维图形挤出为三维对象，同时在边缘应用直角或圆角的倒角效果。其操作与挤出修改器相似，但可以将图形挤出不同级别，并对每个级别指定不同的高度值和轮廓量。下左图为倒角对象的参数卷展栏。

- **"参数"卷展栏**：设置挤出对象的封口、封口类型、曲面、相交等相关参数。
- **"倒角值"卷展栏**：可以设置倒角的级别个数和各个级别不同的挤出高度、轮廓量等参数。

（4）倒角剖面修改器

这是一个从倒角工具衍生出来的修改器，要求提供一个截面路径作为倒角的轮廓线，类似"放样"命令，但是制作完成后这条剖面线不能删除，否则制作的模型会一起被删除。倒角剖面修改器的参数卷展栏如下右图所示。

- **经典**：创建对象的传统方法，须有两个二维图形，一个作为路径（即需要倒角的对象），另一个作为倒角的剖面（该剖面图形既可以是开口的样条线，也可以是闭合的样条线）。
- **改进**：只需一个图形即可，与倒角修改器类似，可以设置挤出的数量及分段数，还可以利用倒角剖面编辑器来编辑倒角处。
- **拾取剖面**：选中一个图形或NURBS曲线来用于剖面路径。

实战练习 利用车削修改器制作台灯模型

本节介绍二维图形修改器的应用，接下来将使用样条线和车削修改器绘制台灯模型。下面介绍具体操作步骤。

步骤 01 打开3ds Max，在"图形"选项卡中单击"线"按钮，在前视口中绘制倾斜的直线，如下页左图所示。

步骤 02 选择创建的直线，在"修改"面板中展开"Line"，在列表中选择"样条线"选项，在"几何体"卷展栏中单击"轮廓"按钮，将光标移到直线上稍微拖拽，如下页右图所示。

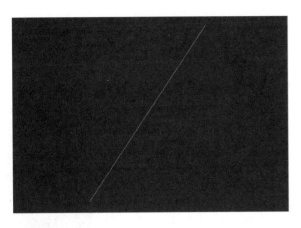 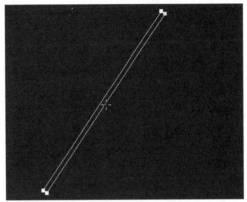

步骤 03 切换至"Line"层级，在"修改器列表"中选择车削修改器，在"参数"卷展栏的"对齐"区域单击"最大"按钮，效果如下左图所示。

步骤 04 展开"Line"层级，切换至"顶点"层级，单击"显示最终结果开/关切换" 1 按钮，选中上方顶点，移动X轴，调整形状，如下右图所示。

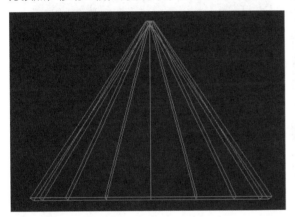 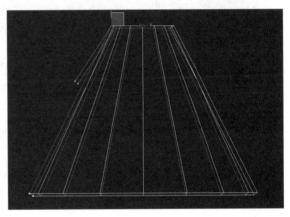

步骤 05 在前视图中继续使用线工具绘制台灯下部分，切换至"顶点"层级，单击"几何体"卷展栏中"圆角"按钮，对线中的顶点进行圆角操作，如下左图所示。

步骤 06 选择结尾的点，单击"设为首顶点"按钮，切换至"Line"层级，添加车削修改器，在"参数"卷展栏中勾选"焊接内核"和"翻转法线"复选框，单击"最大"按钮，在透视视口中查看制作台灯的效果，如下右图所示。

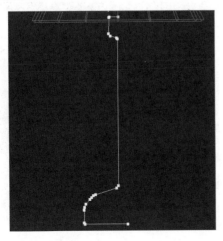 

3.3.3　三维图形常用修改器

3ds Max提供的三维对象修改器，是针对三维模型的。其中较常用的有弯曲、扭曲、锥化、FFD、晶格、壳和网格平滑等修改器。

（1）弯曲修改器

弯曲修改器可以将当前选择对象围绕某一轴最多弯曲360度，允许在三个轴中的任何一轴向上控制弯曲的角度和方向，也可以对几何体的一部分限制弯曲，其"参数"卷展栏如右图所示。

- **角度：** 从顶点平面设置要弯曲的角度，范围为-999999到999999。
- **方向：** 设置弯曲相对于水平面的方向，范围为-999999到999999。下左图为原始效果。下右图为"弯曲轴"是X、"角度"是70度、"方向"为90的效果。

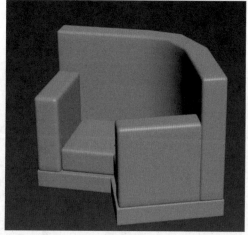

- **弯曲轴：** 指定要弯曲的轴，默认选择Z轴单选按钮。"角度"为70度、方向为90时、Y轴弯曲的效果如下左图所示。
- **"限制"选项区域：** 勾选"限制效果"复选框，可将限制约束应用于弯曲效果；"上限"或"下限"值以世界单位设置上或下部边界，此边界位于弯曲中心点上或下方，超出此边界弯曲不再影响几何体，范围为0到999999。"角度"为70度，"方向"为90，沿Z轴弯曲，设置"上限"为5mm时，效果如下右图所示。

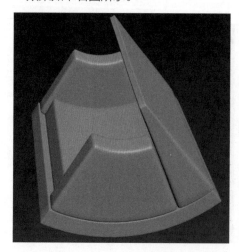
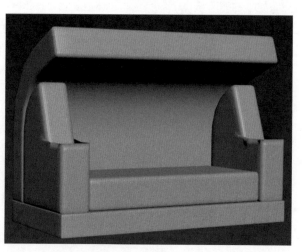

（2）扭曲修改器

弯曲和扭曲修改器都可以对三维模型的外观产生较为明显的变化。扭曲修改器可以使几何体产生旋转效果，实现扭曲旋转的效果。扭曲修改器的"参数"卷展栏如右图所示。

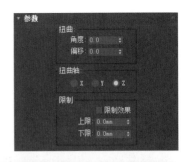

- **角度：** 设置扭曲的角度。下左图为原始模型的效果，下中图为设置"角度"为90度的效果。
- **偏移：** 使扭曲旋转在对象的任意末端聚团。下右图为"偏移"为-50的效果。

 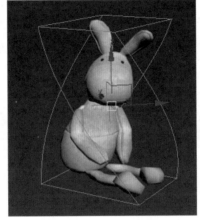 

（3）壳修改器

3ds Max默认创建的几何模型都是单面的、内部不可见的，若想要双面可见，可以为模型添加一组与现有面相反方向的额外面。而壳修改器可以为对象赋予厚度，来连接内部和外部曲面，其参数卷展栏可以对内部曲面、外部曲面、边的特性、材质ID以及边的贴图类型等参数进行相关设置，如下左图所示。

下面介绍相关参数的含义。

- **内部量/外部量：** 控制向模型内或模型外产生厚度的数值。下中图为原始图形，下右图为设置"内部量"为2mm的效果。
- **倒角边：** 勾选该复选框并指定"倒角样条线"后，3ds Max会使用样条线定义边的剖面和分辨率。
- **倒角样条线：** 单击该按钮，然后选择打开样条线定义边的形状和分辨率。

  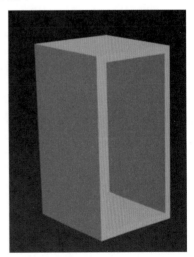

（4）FFD（自由形式变形）修改器

使用FFD修改器可以创建出晶格框来包围选中几何体，通过调整晶格的控制点，从而改变封闭几何体的形状。3ds Max提供了FFD2×2×2、FFD3×3×3、FFD4×4×4、FFD（长方体）和FFD（圆柱体）5种自由形式变形修改器。

FFD2×2×2、FFD3×3×3和FFD4×4×4的参数卷展栏如下左图所示。FFD（长方体）的参数卷展栏如下中图所示。FFD（圆柱体）的参数卷展栏如下右图所示。

下面介绍FFD修改器参数卷展栏中主要参数的含义。

- **晶格：** 该复选框默认为勾选状态，将绘制连接控制点的线条以形成栅格。
- **源体积：** 控制点和晶格会以未修改的状态显示。
- **张力/连续性：** 用于调整样条线的张力和连续性。
- **内部点：** 仅控制受"与图形一致"影响的内部点。
- **外部点：** 仅控制受"与图形一致"影响的外部点。
- **偏移：** 受"与图形一致"影响的控制点偏移对象曲面的距离。

实战练习 利用FFD修改器制作抱枕模型

本节我们学习三维图形修改器的应用，接下来介绍制作抱枕模型的方法，主要使用FFD修改器对长方体的控制点进行调整。下面介绍具体操作步骤。

步骤01 打开3ds Max，使用"切角长方体"工具在场景中绘制一个切角长方体，在"参数"卷展栏中设置"长度"为50cm、"宽度"为50cm、"高度"为2cm、"圆角"为1cm、"长度分段"和"宽度分段"均为10，效果如下页左图所示。

步骤02 选择创建的切角长方体，在"修改"面板中添加"FFD 4×4×4"修改器，切换至"控制点"层级。使用"选择并移动"工具，选择中间4组控制点，然后使用"选择并非均匀缩放"工具，沿着Z轴向外拖动，效果如下页右图所示。

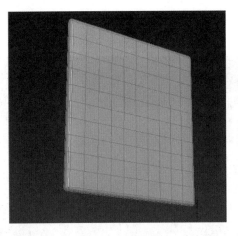
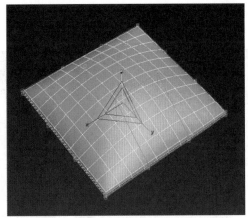

步骤 03 调整后，按住Ctrl键选择切角长方体四条边上中间的控制点。同样使用"选择并非均匀缩放"工具稍微向内移动，效果如下左图所示。

步骤 04 为使模型更平滑，再添加"涡轮平滑"修改器，设置"迭代次数"为1，效果如下右图所示。

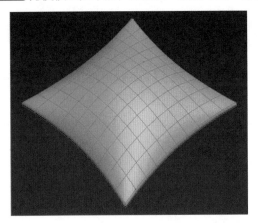
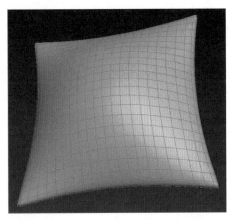

步骤 05 选择抱枕模型并右击，在快捷菜单中选择"转换为>转换为可编辑多边形"命令，切换至"边"层级，选择抱枕模型的边，双击即可选择该边，边的颜色为红色，如下左图所示。

步骤 06 单击"编辑边"卷展栏中"挤出"按钮，设置挤出边的高度为-0.527cm，宽度为0.3cm，如下右图所示。

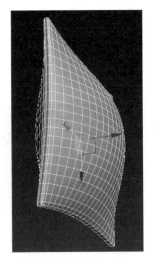
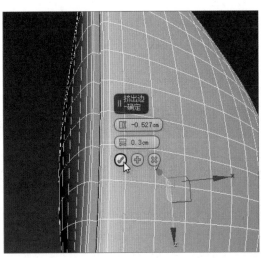

步骤 07 设置完成后，可以看到抱枕的边缘有一个凹陷的效果，如下左图所示。

步骤 08 然后复制一个抱枕模型，移到合适的位置，完成抱枕模型的制作，效果如下右图所示。

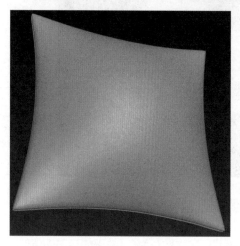
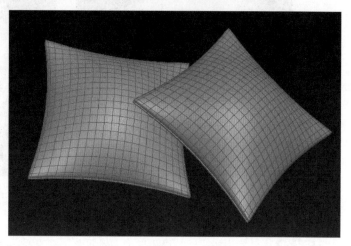

3.4 可编辑对象建模

在3ds Max中，可编辑对象包括可编辑样条线、可编辑多边形、可编辑网格和可编辑面片，用户可以利用这些可编辑对象更加灵活自由地创建和编辑模型。每个可编辑对象都有一些子对象层级，这些子对象是构成对象的零件。用户如要获得更高细节的模型效果，可以对子对象层级直接进行变换、修改和对齐等操作。

3ds Max中的可编辑对象一般都不是直接创建出来的，需要进行相应的转换或者塌陷操作，将对象转换为可编辑对象。用户也可以为对象添加常用的编辑对象修改器，从而进行一些可编辑操作，主要的方法有以下3种：

方法1：右键级联菜单转换。在对象上单击鼠标右键，在弹出的级联菜单的"变换"中执行"转换为：>转换为可编辑对象（样条线、网格、多边形、面片）"命令，即可将选中对象转换为可编辑对象。

方法2：右键单击堆栈中的基本对象。在对象的"修改"面板中，右键单击堆栈中的基本对象，在弹出的快捷菜单中选择"转换为"组的相应命令即可。

方法3：利用编辑修改器。使用上述两种方法后，3ds Max将用"可编辑对象"替换堆栈中的基本对像。此时，对象创建的原始参数将不复存在。如果仍然要保持创建参数，可以为对象添加相应的编辑修改器，利用可编辑对象的各种控件来对对象进行可编辑操作。

3.4.1 可编辑样条线

可编辑样条线是一种针对二维图形进行编辑操作的可编辑对象，它有顶点、线段和样条线3个子对象层级，如右图所示。样条线和扩展样条线中的二维图形都可以转换为可编辑样条线进行对象或子对象层级操作，其中"样条线"下的"线"不需转换，其本身就是可编辑的。

可编辑样条线的卷展栏较多，主要有"渲染""插值""选择""软选择""几何体"和"曲面属性"卷展栏等，如下页右图所示。各个对象层级对应的参数卷展栏个数、卷展栏中的具体命令会有所差别，其中"几何体"卷展栏较为重要。下面介绍各卷展栏的应用。

- **"渲染"卷展栏**：用于启用和关闭形状的渲染性，指定对象在渲染时或视口中的渲染表现是"径向"或"矩形"，并可指定其渲染厚度，还可应用贴图坐标等。
- **"插值"卷展栏**：样条线上的每个顶点之间的划分数量称为步数，在"插值"卷展栏中可以设置步数，"步数"的值越大，曲线的显示越平滑。
- **"选择"卷展栏**：为启用或禁用不同的子对象模式、使用命名选择的方式和控制柄、显示设置以及所选实体的信息提供控件。
- **"软选择"卷展栏**：允许部分选择显式选择邻接处中的子对象，会使显式选择的行为像被磁场包围了一样。在对子对象进行变换时，部分选定的子对象会平滑地进行绘制。
- **"几何体"卷展栏**：提供了编辑对象层级和子对象层级的大部分功能。
- **"曲面属性"卷展栏**：只在"线段"和"样条线"子层级中存在，有"材质"选项组，可进行"设置ID""选择ID"和"清除所选内容"的相关操作。

将二维图形转换为可编辑样条线后，在"修改"命令面板中展开"可编辑样条线"，例如选择"顶点"选项或者按数字1，即可进入"顶点"级别。

（1）"选择"卷展栏

在"选择"卷展栏中可以选择3种不同级别类型，还可以锁定控制柄和显示设置，参数如右图所示。

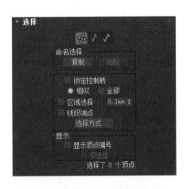

- **顶点**：指线上的顶点。
- **线段**：指连接两个顶点之间的线段。
- **样条线**：一条或多条相邻线段的组合。
- **复制**：将命名选择放置到复制缓冲区。
- **粘贴**：从复制缓冲区粘贴命名进行选择。

（2）"软选择"卷展栏

在"软选择"卷展栏中可以选择邻接处的子对象，进行移动操作，使其产生过渡效果，参数如右图所示。

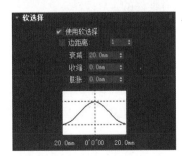

- **使用软选择**：勾选该复选框，激活该卷展栏中的功能。
- **边距离**：勾选该复选框，将选择限制到指定的面数。
- **衰减**：定义影响区域的距离。
- **收缩**：沿着垂直轴提高或降低曲线的顶点。
- **膨胀**：沿着垂直轴展开和收缩曲线。

（3）"几何体"卷展栏

该卷展栏提供了用于所有对象层级或子对象层级更改图形对象的全局控件，这些控件在所有层级中用法均相同，只是在不同层级下，各控件启用的数目不尽相同，有的控件按钮处于灰度模式为不启用。这些具体的操作控件，需要用户在使用过程中慢慢体会。"几何体"卷展栏如下页右图所示。

"几何体"卷展栏包含编辑对象的大部分功能，下面介绍常用参数的含义。

- **附加**：将场景中的其他样条线附加到所选样条线。

- **优化**：允许用户添加顶点，而不更改样条线的曲率值。
- **焊接**：焊接选择的顶点，只要每对顶点在阈值范围内即可。
- **连接**：在两个端点间生成一个线性线段。
- **插入**：在线段的任意处可以插入顶点，以创建其他线段。
- **设为首顶点**：指定所选形状中的某个顶点为第一个顶点。
- **熔合**：将所有选定顶点移至它们的平均中心位置。
- **相交**：在同一个样条线对象的两个样条线相交处添加顶点。
- **圆角**：允许在线段会合的地方设置圆角，添加新的控制点。
- **切角**：可以交互式地输入数值，设置形状角部的倒角。
- **轮廓**：指定距离偏移量或交互式制作样条线的副本。
- **布尔**：将选择的第一个样条线与第二个样条线进行布尔操作。
- **修剪/延伸**：清理形状中重叠/开口部分，使端点接合在一点。

3.4.2　可编辑多边形

多边形建模是3ds Max中最为复杂的建模方式，该建模方式功能强大，可以进行较为复杂的模型制作。可编辑多边形提供了一种重要的多边形建模技术，包含顶点、边、边界、多边形和元素5个子对象层级。可编辑多边形有各种控件，可以在不同的子对象层级将对象作为多边形网格操纵。与三角面不同的是，多边形对象由包含任意数目顶点的多边形构成。

将模型转换为可编辑多边形的方法与转换为可编辑样条线方法一样，可以通过右键快捷菜单或者在"修改"命令面板中右击堆栈中的基本对象，选择"转换为可编辑多边形"命令。

可编辑多边形的对象层级和5个子对象层级都有相应的修改面板，对应的参数卷展栏的个数、卷展栏中的具体命令有所差别，其中"选择""软选择""编辑（子对象）""编辑几何体"和"绘制变形"卷展栏较为常用，如下右图所示。

（1）"编辑几何体"卷展栏

"编辑几何体"卷展栏提供了用于所有子对象层级更改多边形对象几何体的全局控件，这些控件在所有层级中用法均相同，只是在每种模式下各个控件启用的数目不尽相同，有的控件按钮处于灰度模式为不启用。下面介绍主要参数的含义。

- **塌陷**：将其顶点与选择中心的顶点焊接，使连续选定子对象的组产生塌陷，对象层级和"元素"子层级不启用。
- **附加**：将场景中的其他对象附加到选定多边形对象的元素层级上。
- **分离**：仅限于子对象层级，将选定的子对象和关联的多边形分隔为新对象或元素。
- **切割/切片**：这些类似小刀的工具可以沿着平面（切片）或在特定区域内（切割）细分多边形网格。
- **切片平面/快速切片**：为模型添加分段线工具。
- **网格平滑**：使用当前设置的平滑对象，此命令使用的细分功能与"网格平滑"修改器中类似。
- **细化**：单击其右侧的"设置"按钮，设置细分对象中的所有多边形。

● **隐藏系列按钮**：仅在顶点、多边形和元素层级启用，根据情况来隐藏或显示一定数量的子对象。

（2）"细分曲面"卷展栏

"细分曲面"卷展栏可以将细分应用于网格平滑模式的对象，以便于对分辨率较低的"框架"网格进行操作。其参数卷展栏如右图所示。

● **平滑结果**：对所有的多边形应用相同的平滑组。

● **使用NURMS细分**：通过NURMS方法应用平滑效果。

● **等值线显示**：勾选该复选框后，只显示等值线。

● **显示框架**：在修改或细分之前，切换可编辑多边形对象的两种颜色线框的显示方式。

● **迭代次数**：设置平滑多边形对象时所用的迭代次数。

● **平滑度**：通过设置数值，调整平滑的程度。

● **渲染**：该组参数用于控制渲染时的迭代次数和平滑度。

● **分隔方式**：用于设置"平滑组"和"材质"参数。

● **更新选项**：设置手动或者渲染时的更新选项。

（3）"编辑（子对象）"卷展栏

"编辑（子对象）"卷展栏提供了编辑相应子对象特有的功能，用于编辑对象及其子对象，包括"编辑顶点""编辑边""编辑边界""编辑多边形"和"编辑元素"卷展栏，如下五图所示。

在这些"编辑（子对象）"卷展栏中，常用参数含义介绍如下。

● **移除**：移除选定的点或边，多边形的外观不变。

● **断开**：在与选定顶点相连的每个多边形上都创建一个新顶点，从而使多边形的转角相互分开，让它们不再相连于原来的顶点。

● **挤出**：可以以点、边、边界或多边形的形式挤出，既可以直接单击此按钮在视口中手动操纵挤出，也可单击其后的"设置"按钮进行精确挤出。

● **焊接**：在指定的公差或阈值范围内，将选定的连续顶点或边界上的边进行合并操作。

● **插入顶点**：启用"插入顶点"功能后，单击某边即可在该位置添加顶点，从而手动细分可视的边。

● **封口**：仅限于边界层级，用单个多边形封住整个边界环。

● **切角**：可在顶点、边和边界层级下单击该按钮，从而对选定子对象进行切角，边界不需事先选定。

● **连接**：在选定的子对象（顶点、边和边界）之间创建新边，其后有"设置"按钮。

● **桥**：在选定的边之间生成新多边形，形成"桥"。

● **轮廓**：用于增加或减小每组连续选定多边形的外边，其后有"设置"按钮，限多边形层级。

● **倒角**：对选定多边形执行倒角操作，其后有"设置"按钮，限多边形层级。

● **插入**：执行没有高度的倒角操作，即在选定多边形的平面内执行该操作，其后有"设置"按钮。

3.4.3 可编辑网格

可编辑网格与可编辑多边形类似，有顶点、边、面、多边形和元素5个子对象层级，有"选择""软选择""曲面属性"和"编辑几何体"4个卷展栏，如右图所示。其操作方法和参数设置基本上也与可编辑多边形相同，不同的是可编辑网格是由三角形面组成，而可编辑多边形是由任意顶点的多边形组成。

将对象转化为可编辑网格的操作会移除所有的参数控件，包括创建参数，如不再可以增加长方体的分段数、对圆形基本体执行切片处理或更改圆柱体的边数等，且应用于对象的任何修改器也遭到塌陷。转化后，留在堆栈中唯一的项是"可编辑网格"。

可编辑网格的转换除了可以使用与其他可编辑对象转换相同的3种方法外，还可以切换至"实用程序"面板中，单击"塌陷"按钮，接着在"塌陷"卷展栏中选择"输出类型"选项组中的"网格"单选按钮，最后单击"塌陷选定对象"按钮完成转换操作。

📖 知识延伸：Cloth修改器

Cloth修改器是专门用于模拟面料效果的工具，并且通过计算可以模拟出布料与物体碰撞的效果。下面通过为床添加床单模型，介绍Cloth修改器的应用。

步骤01 打开"Bed.max"文件，渲染后效果如下左图所示。

步骤02 使用平面工具在床的上方绘制平面模型，设置长为280cm、宽为250cm，"长度分段"和"宽度分段"为30，将其调整到床的上方，并且正好覆盖在床上，如下右图所示。

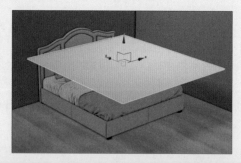

> **提示：设置长度的分段**
>
> 在步骤02中设置长度和宽度的分段，平面的分段数值越大，后期面料计算得越精确，但是计算的速度会越慢。

步骤03 在"修改"面板中为平面模型添加"壳"修改器，在"参数"卷展栏中设置"外部量"为1cm，增加平面的厚度，如下页左图所示。

步骤04 选择平面模型，添加Cloth修改器，在"对象"卷展栏中单击"对象属性"按钮，打开"对象属性"对话框，单击"添加对象"按钮，打开"添加对象到布料模拟"对话框，选择除枕头之外的所有模型，单击"添加"按钮，如下页右图所示。

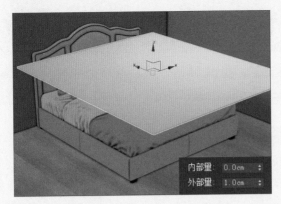

步骤 05 返回"对象属性"对话框，选择平面模型（床单模型），选中"布料"单选按钮，如下左图所示。

步骤 06 再选择其他所有模型，选中右下角"冲突对象"单选按钮，如下右图所示。

步骤 07 在Cloth修改器的"对象"卷展栏中单击"模拟"按钮，弹出模拟进度对话框，同时在视口中显示效果。如果对效果满意，可以单击"取消"按钮，如下左图所示。

步骤 08 如果有穿插现象，适当调整床单模型的位置即可，最终效果如下右图所示。

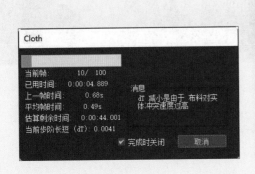

上机实训：室内空间建模

进行室内空间模型创建时，首先根据CAD图纸绘制房屋的墙，需要使用"线"工具和"挤出"修改器。然后可以通过编辑多边形，来创建墙上的窗户和门等模型。下面介绍具体的操作方法。

扫码看视频

步骤01 在3ds Max中执行"文件>导入>导入"命令，在打开的"选择要导入的文件"对话框中选择"户型图.dwg"图形文件，单击"打开"按钮，即可将户型图导入，如下左图所示。

步骤02 全选户型图并右击，在快捷菜单中选择"冻结当前选择"命令，图形变为灰色，如下右图所示。

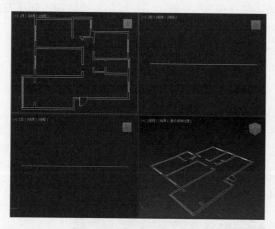 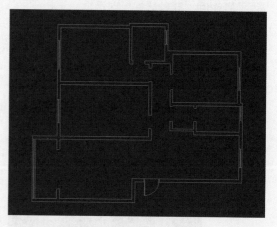

步骤03 激活"捕捉开关" □，并在该按钮上右击，打开"栅格和捕捉设置"对话框。在"捕捉"选项卡中勾选"端点"复选框，在"选项"选项卡中勾选"捕捉到冻结对象"复选框。然后使用"线"工具沿着墙绘制闭合的线，绘制时取消勾选"开始新图形"复选框，效果如下左图所示。

步骤04 为绘制完的线添加"挤出"修改器，在"参数"卷展栏中设置"数量"为2800mm，这是墙的高度，效果如下右图所示。

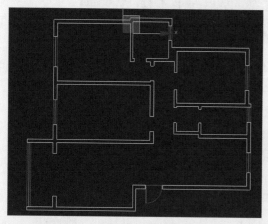 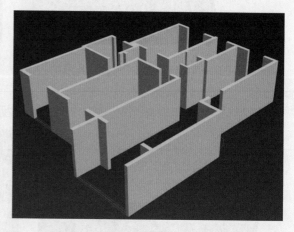

步骤05 使用矩形工具在窗户处绘制矩形，同样绘制时取消勾选"开始新图形"复选框。添加"挤出"修改器，设置"数量"为1200mm，绘制出窗台的模型，如下页左图所示。

步骤06 选择绘制的窗台模型，按住Shift键并移动复制一份模型，然后在"顶"和"前"视口中调整到合适的位置，并设置挤出的数量为300mm，制作出窗户上边的模型，如下页右图所示。

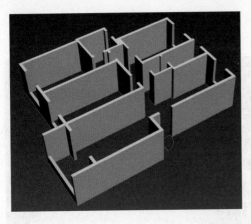
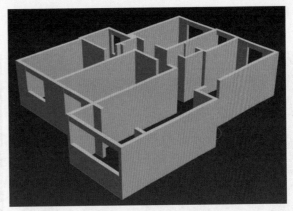

步骤 07 根据相同的方法绘制门上方的模型，包括入户门、卧室门和卫生间门，调整到合适的位置，效果如下左图所示。

步骤 08 使用"线"工具沿着户型图外边绘制闭合的线，添加"挤出"修改器，设置"数量"为20cm，再复制一份移到房顶，即可完成顶棚和地面模型的创建，效果如下右图所示。

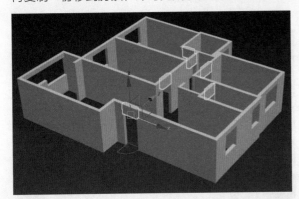
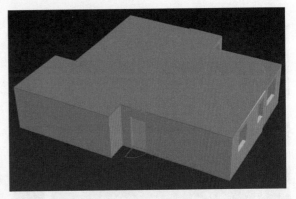

步骤 09 选择顶棚模型并右击，在快捷菜单中选择"隐藏选定对象"命令，将其隐藏。使用"切角长方体"工具，在主卧窗户处绘制切角长方体，设置"长度"为1900mm、"宽度"为240mm、"高度"为40mm、"圆角"为6mm，并移到窗台上方，如下左图所示。

步骤 10 隐藏墙模型和顶棚模型，在"左"视口中使用"线"工具绘制主卧窗户等大闭合样条线，并转换为可编辑样条线，然后设置轮廓为-60mm，并适当调整控制点，如下右图所示。

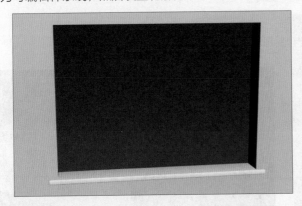
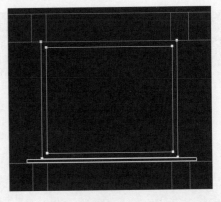

步骤 11 接着再添加"挤出"修改器，设置"数量"为40mm，制作出窗框模型，可以适当调整顶点的位置，效果如下页左图所示。

步骤 12 根据相同的方法使用"线"工具绘制内框，转换为可编辑样条线，设置轮廓为30mm，添加"挤出"修改器，设置"数量"为40mm，效果如下右图所示。

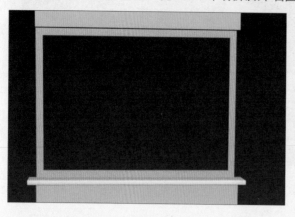 

步骤 13 接着复制一份并移到另一侧，适当调整大小，如下左图所示。

步骤 14 使用"矩形"工具，沿着窗户内框绘制矩形。添加"挤出"修改器，设置"数量"为10mm，并复制一份移到另一侧，效果如下右图所示。

步骤 15 然后选择绘制好的窗户模型，复制并移到合适的位置，通过调整顶点使窗大小合适，效果如下左图所示。

步骤 16 在"创建"面板中创建"枢轴门"并调整大小和位置，作为入户门，最终效果如下右图所示。

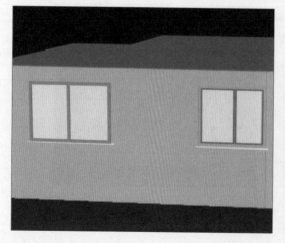 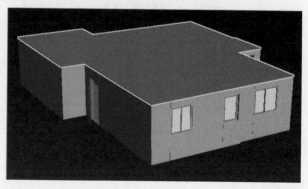

课后练习

一、选择题

（1）在3ds Max中，样条线工具不包括（　　）。

　　A. 矩形　　　　　　　　B. 弧　　　　　　　　C. 平面　　　　　　　　D. 截面

（2）（　　）修改器是通过绕轴旋转一个图形来创建3D模型，常用来制作花瓶、罗马柱、玻璃杯等模型。

　　A. 挤出2　　　　　　　　B. 车削　　　　　　　　C. 晶格　　　　　　　　D. 壳

（3）可编辑样条线是一种针对二维图形进行编辑操作的可编辑对象，它有3个子对象层级，下列（　　）不是可编辑样条线的选项。

　　A. 顶点　　　　　　　　B. 线段　　　　　　　　C. 样条线　　　　　　　　D. 元素

（4）（　　）修改器为自由形式变形修改器，用以创建出晶格框来包围选中的几何体，通过调整晶格的控制点，从而改变封闭几何体的形状。

　　A. Cloth　　　　　　　　B. FFD　　　　　　　　C. 扭曲　　　　　　　　D. 弯曲

二、填空题

（1）在3ds Max中使用"线"工具创建样条线时，在"插值"卷展栏中通过设置＿＿＿＿＿＿，可以设置绘制图形的圆滑程度。

（2）＿＿＿＿＿＿修改器可以为对象赋予厚度，来连接内部和外部曲面。

（3）在可编辑多边形的"编辑几何体"卷展栏中设置＿＿＿＿＿＿参数，可以将其顶点与选择中心的顶点焊接，使连续选定子对象的组产生塌陷。

（4）可编辑网格与可编辑多边形类似，有＿＿＿＿＿＿、＿＿＿＿＿＿、＿＿＿＿＿＿、＿＿＿＿＿＿和＿＿＿＿＿＿5个子对象层级。

三、上机题

　　本章学习了3ds Max的高级建模技术，我们需要掌握样条线、修改器和可编辑对象的建模技巧。下面将使用多边形建模方式制作吊顶的模型。首先绘制矩形并添加轮廓，再挤出40cm。然后转换为可编辑多边形，删除上方的面，进入"边界"层级设置挤出，效果如下左图所示。然后继续挤出，最后封口，即可制作带灯带的吊顶模型，效果如下右图所示。

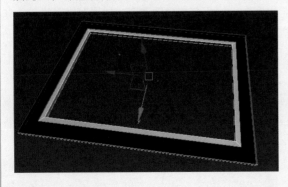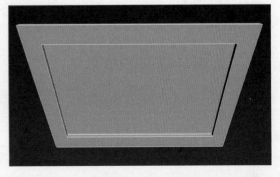

第4章 材质和贴图技术

本章概述

在3ds Max中，材质和贴图制作是非常重要的一环，可以为模型赋予不同的外观和质感，使场景更加真实、生动。本章将对材质编辑器、VRay材质以及贴图等知识进行详细介绍。

核心知识点

❶ 熟悉3ds Max材质编辑器的应用

❷ 掌握常用材质的应用

❸ 熟悉贴图的应用

❹ 处理贴图时错误问题的应对

4.1 了解材质和贴图

模型创建好后，需要为其添加材质或贴图，从而制作出逼真的模型效果。材质和贴图控制模型的曲面外观，模拟真实的物理质感。材质和贴图是有区别的，材质是一个物体看起来是什么样的质地，贴图是指材质表面的纹理样式。

材质包括漫反射、粗糙度、反射、折射、半透明和自发光等基本属性，通过调整参数可以使模型更具质感。下左图是为红酒杯和瓶子添加光滑的透明材质的效果。

贴图的基本属性包括漫反射、反射、折射和凹凸等，加载贴图会让模型产生不同的质感，例如墙面上的壁纸、不同纹理的沙发模型等。下右图是为沙发和茶几等模型添加贴图的效果。

4.2 3ds Max材质编辑器

在材质编辑器中，用户可以创建和编辑材质，并将贴图指定给相应的材质通道。材质编辑器是一个非常重要的独立窗口，场景中所有的材质都在该面板中制作完成。

4.2.1 材质编辑器的模式

在3ds Max中，打开"材质编辑器"窗口主要有两种方法：第1种方法是直接单击工具栏中"材质编辑器"按钮▨（或者按M键）；第2种方法是执行"渲染>材质编辑器"命令，在子菜单中选择合适的材质编辑器。

3ds Max提供了精简材质编辑器和Slate材质编辑器两种材质编辑器面板，前者与后者相比较小。精简材质编辑器主要由菜单栏、材质球、工具栏和参数卷展栏4部分组成。Slate材质编辑器是一界面完整的材质编辑器，在设计和编辑材质时使用节点和关联以图形方式显示材质的结构。下页左图为精简材质编辑器窗口，下页右图为Slate材质编辑器窗口。

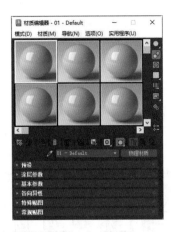 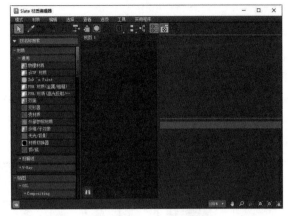

材质编辑器的两种模式是可以相互切换的，在任意一种模型下单击菜单栏中"模式"按钮，在菜单中选择模式命令即可。用户也可以在菜单中执行"渲染>材质编辑器>精简材质编辑器"命令。

4.2.2 精简材质编辑器

精简材质编辑器主要由菜单栏、材质球、工具栏和参数卷展栏4部分组成，如下图所示。其中菜单栏中很多命令和工具栏中功能按钮重复，使用工具栏中的按钮更便捷。

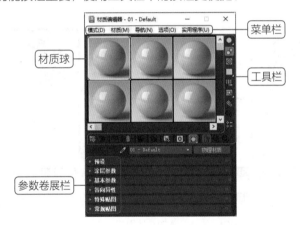

（1）菜单栏

菜单栏位于面板界面的顶部，提供了另一种调用各种材质编辑工具的方式，由"模式""材质""导航""选项"和"实用程序"5个菜单组成。

- **"模式"菜单**：用于精简材质编辑器和Slate材质编辑器之间的切换操作。
- **"材质""导航"菜单**：这两个菜单中包含一些常用的管理和更改贴图及材质的子菜单，其中绝大部分子菜单的功能与工具栏中的命令按钮功能一致，可参考下文。
- **"选项"菜单**：提供了一些附加的工具和显示选项，其中"循环切换3×2、5×3、6×4示例窗"子菜单命令，可以将示例窗数目在3×2、5×3和6×4间进行循环，示例窗最多数目为24个。
- **"实用程序"菜单**：提供了渲染贴图和按材质选择对象等命令，其中"重置材质编辑器槽"命令可将默认的材质类型替换为材质编辑器示例窗口中的所有材质，此操作不可撤销；而"精简材质编辑器槽"命令可将示例窗口中所有未使用的材质设置为默认类型，只保留场景中的材质，并将这些材质移动到编辑器的第一个示例窗中，此操作同样不可撤销。但"重置材质编辑器槽"和"精简材质编辑器槽"命令都可用"还原材质编辑器槽"命令还原示例窗口以前的状态。

（2）材质球

材质球是用来显示材质效果的工具，它可以很直观地显示材质的基本属性，例如反光、折射等。为材质球设置材质并选中后，按住鼠标中键可以旋转材质球。

①采样数目

示例窗最多显示24个材质球，默认情况下示例窗中有6个材质球。在"材质编辑器"窗口中执行"选项>循环3×2、5×3、6×4示例槽"命令，即可循环切换3×2、5×3、6×4模式。但是无论如何切换，材质编辑器中只能显示24个材质球，如下三图所示。

 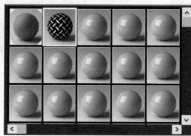 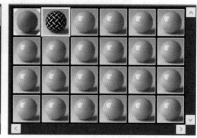

②复制材质球

如果场景中需要制作两种类似的材质效果，可以复制材质球快速制作另一个。选中一个材质球，将其拖拽到另一个材质球上，如下左图所示。即可完成复制材质球的操作，如下右图所示。

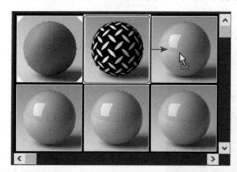 

提示：找回之前设置的材质

当我们重置材质编辑器窗口后，之前应用的材质球会变为未使用的状态，此时如何找回之前设置的材质呢？只需要选中未使用的材质球，单击"从对象拾取材质"按钮🖉，在视图中的模型上单击，即可找到该材质。

（3）工具栏

精简材质编辑器中的工具栏由两部分组成，分别位于示例窗的底部和右侧面，包括21个按钮。应用工具栏可以快速处理相应的效果，例如获取材质、将材质放入场景和将材质指定给对象等。

①示例窗底部工具栏

● **获取材质**▣：单击该按钮可以打开"材质/贴图浏览器"窗口，在该窗口中用户可以选择材质或贴图类型，也可以在"材质/贴图浏览器选项"下拉列表中进行材质库的新建与打开等操作。

● **将材质放入场景**▣：用于编辑材质之后更新场景中的材质。

● **将材质指定给选定对象**▣：将活动示例窗中的材质应用于场景中当前选定的对象，同时示例窗将成为热材质。选中模型，在"材质编辑器"中选择材质球，再单击该按钮，即可将材质赋予选定的模型。下页左图为未添加材质前的模型，下页中图为选择材质球并单击"将材质指定给选定对象"按钮，下页右图为添加材质后的效果。

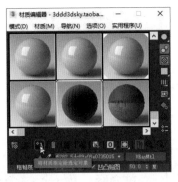

- **重置贴图/材质为默认设置**：可以将活动示例窗中的贴图或材质的值重置。
- **生成材质副本**：通过复制自身的材质，生成材质副本而冷却当前热示例窗。
- **使唯一**：可以使贴图实例成为唯一的副本，可以使一个实例化的子材质成为唯一的独立子材质，还可以为该子材质提供一个新材质名，其中子材质是"多维/子对象"材质中的一个材质。
- **放入库**：可以将选定的材质添加到当前库中。
- **材质ID通道**：按住该按钮不放，可以弹出诸多材质ID通道按钮。这些按钮能将材质标记为"视频后期处理"效果或渲染效果，或存储以RLA或RPF文件格式保存的渲染图像的目标，以便通道值可以在后期处理应用程序中使用。材质ID值等同于对象的G缓冲区值。
- **视口中显示明暗处理材质**：按住此按钮不放，可以将贴图在视口中以两种显示方式进行切换。这两种方式是明暗处理贴图 (Phong)或真实贴图（全部细节）。
- **显示最终结果**：可以查看所处级别的材质，而不查看所有其他贴图和设置的最终结果。
- **转到父对象**：可以在当前材质中向上移动一个层级。
- **转到下一个同级项**：将移动到当前材质中相同层级的下一个贴图或材质。

②示例窗右侧工具
- **采样类型**：选择要显示在活动示例窗中的几何体类型，有球体、圆柱体和正方体3种。
- **背光**：将背光添加到活动示例窗中。默认情况下，此按钮处于启用状态。
- **背景**：单击该按钮可以将多颜色的方格背景添加到活动示例窗中，如果要查看不透明度和透明度的效果，该图案背景很有帮助。
- **采样UV平铺**：按住该按钮不放，弹出按钮组，可以在活动示例窗中调整采样对象上的贴图图案重复。
- **视频颜色检查**：用于检查示例对象上的材质颜色是否超过安全NTSC或PAL阈值。
- **生成预览**：按住该按钮可弹出生成预览、播放预览和保存预览3个按钮，用于生成、浏览和保存材质预览渲染。
- **选项**：单击该按钮可以打开"材质编辑器选项"对话框，用于控制如何在示例中显示材质和贴图。
- **按材质选择**：可以基于"材质编辑器"中的活动材质选择对象，该活动示例窗包含场景中使用的材质，否则此命令不可用。
- **材质/贴图导航器**：单击该按钮可以打开一个无模式对话框，在该对话框中可以通过材质中贴图的层次或复合材质中子材质的层次快速导航。

（4）参数卷展栏

参数卷展栏位于材质编辑器界面的下部，几乎所有的材质参数都在这里进行设置，是用户使用最为频繁的区域。不同的材质类型具有不同的卷展栏，其不同参数的含义将在后面小节中进行详细介绍。

4.3 VRay常用材质

安装好VRay插件后，在菜单栏中执行"渲染>材质/贴图浏览器"命令，或者在"材质编辑器"窗口中单击"物理材质"按钮，如下左图所示。在打开的"材质/贴图浏览器"对话框中显示了相关的材质，如下右图所示。

"材质"卷展栏中包括"通用""扫描线"和"V-Ray"子卷展栏，每种子类别下都有数目不等的材质类型。"通用"类别下的材质适用于各种渲染器，主要包括物理材质、双面、多维/子对象、顶/底和混合等，其中双面、多维/子对象、顶/底和混合材质属于复合材质类型。用户若要使用VRay材质类型，首先应安装VRay渲染器插件。VRay材质种类繁多，在日常工作中应用较为广泛，效果较为理想，本节主要介绍VRay常用的材质。

4.3.1 VRayMtl材质

VRayMtl材质是使用频率较高的一种材质，可以模拟出现实世界中大多数材质，尤其擅长表现具有反射、折射等属性的材质。VRayMtl材质主要包括漫反射、反射和折射3大属性。打开VRayMtl材质"基础参数"卷展栏，如下图所示。

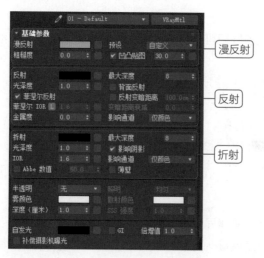

（1）漫反射

漫反射可以模拟一般物体的真实颜色，是直接表现物体色彩的材质属性，参数主要包括漫反射、粗糙度和预设等。

● **漫反射**：控制固有色的颜色，单击右侧的色块，在打开的"场景颜色选择器：漫反射"对话框中设置颜色。将漫反射设置为草绿色时，材质就是草绿色，如下左图所示。将漫反射设置为橙色时，材质就变为橙色，如下右图所示。

● **粗糙度**：数值越大，粗糙效果越明显，可以用该选项来模拟绒布材质的效果。
● **预设**：列表中包含20多种VRay预先设定好的材质，可以直接使用。例如在列表中选择"铜（磨砂）"选项，则材质就是铜色的，如下左图所示。在列表中选择"玻璃（磨砂）"选项，则材质变透明，渲染后效果如下右图所示。

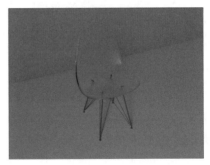

（2）反射

设置"反射"属性可以制作反光的材质效果。根据反射的强弱制作出不同的质感，例如镜子、金属、大理石等。

● **反射**：反射颜色控制反射强度，颜色越深反射越弱，颜色越浅反射越强。默认为黑色，表示没有反射。下左图是设置"反射"为黑色的效果，下右图是设置"反射"为白色的效果。

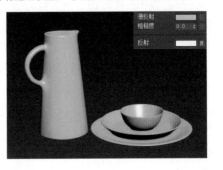

如果将反射的颜色设置为彩色，材质除了识别彩色的灰度值外，还会在反射高光位置显示相应的彩色，这样材质不仅拥有漫反射的颜色，还有反射的颜色。下图是设置"反射"颜色为红色的效果。

- **光泽度**：该参数控制反射的光泽度或清晰度，低值产生模糊的反射。值为1时，产生镜面反射。通常修改该数值制作磨砂的质感，数值越小磨砂效果越强。下左图是"光泽度"为1的效果，下右图是"光泽度"为0.2的效果。

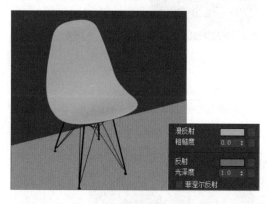
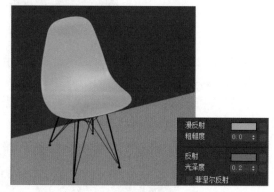

- **菲涅尔反射**：勾选该复选框后，反射的强度会减弱，并且材质会变得更光滑。
- **菲涅耳 IOR**：指定计算菲涅尔反射时使用的折射率，通常该值被锁定，解除锁定后可进行精细控制。
- **最大深度**：指定光线可以反射的次数。当材质具有大量的反射和折射时，需要设置更大的数值。
- **反射变暗距离**：用来控制反射变暗距离的数值。
- **影响通道**：指定受材质反射影响的通道，有"仅颜色""颜色+alpha"和"所有通道"3个选项。
- **金属度**：该值为0时，材质效果更像绝缘体；该值为1时，材质效果更像金属。

（3）折射

透明类材质根据折射的强弱产生不同的质感。在设置这类材质时需要注意，反射颜色要比折射颜色深，否则无论折射颜色是否设置为白色，渲染后都会出现镜面的效果。

- **折射**：指定折射量和折射颜色，折射量取决于颜色的灰度或亮度值。当颜色越白（即灰度值越趋于255）时，物体越透明；当颜色越黑（即灰度值越趋于0）时，物体越不透明。下页左图为设置花瓶的"折射"为黑色的效果，下页右图为设置花瓶的"折射"为白色的效果。
- **光泽度**：控制折射的清晰或模糊程度。值越趋于1，产生折射的效果越清晰；值越趋于0，产生折射的效果越模糊。
- **IOR（折射率）**：控制折射率，可以描述光穿过物体表面时的弯曲方式。当物体的折射率为1，光不会改变方向。
- **Abbe数值**：表示色散系数。勾选该复选框，可以增加或减小色散效应。

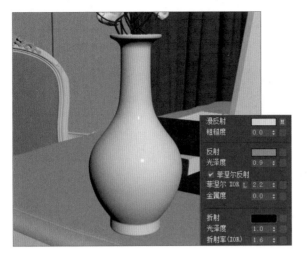 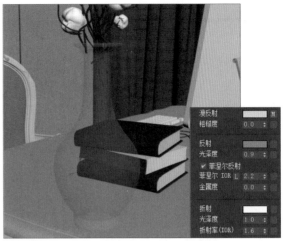

（4）半透明和自发光

- **半透明**：选择用于计算半透明（又称次表面散射）的算法，当有折射存在时此值才有意义。
- **雾颜色**：指定光线穿过物体后的衰减情况，当烟雾颜色为白色时，光线不会被吸收衰减。
- **自发光**：控制物体表面自发光效果，当勾选其后的GI复选框时，自发光会影响全局光照，并允许对
  邻近物体投光，而"倍增值"可以调整自发光的强度。

实战练习 为窗户添加玻璃材质

学习了VRayMtl材质的折射效果设置后，接下来我们将创建室内模型中窗户玻璃制作对应的材质，实现透过窗户看到外面景象的效果。下面介绍具体操作方法。

步骤 01 打开"室内空间模型.max"文件，此时已经添加了摄影机和外面的景色。单击工具栏中"材质编辑器"按钮，打开"材质编辑器"窗口，选择空白材质球，单击"物理材质"按钮，在打开的"材质/贴图浏览器"对话框中选择VRayMtl材质选项，单击"确定"按钮，如下左图所示。

步骤 02 在"基础参数"卷展栏中设置"漫反射"为黑色、"反射"为白色、"折射"为白色、"雾颜色"为白色，如下右图所示。

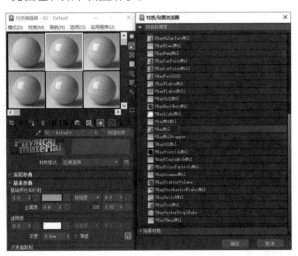 

步骤 03 设置完成后，将材质赋予窗户的玻璃模型上，在"透视"视口中从摄影机视角查看效果。下页左图为未添加材质前的效果，下页右图为添加玻璃材质后的效果。

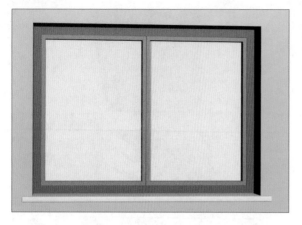

4.3.2 其他VRay材质

VRay渲染器提供的材质类别中,除了最常用的VRayMtl材质外,VRay双面材质、VRay灯光材质、VRay材质包裹器和VRay混合材质也较为常用。

(1)VRay2SidedMtl(VRay双面材质)

VRay双面材质与3ds Max的双面材质相似,是VRay渲染器提供的一种实用材质类型,因该材质允许看到物体背面的光线,可以为物体的前面和后面指定两个不同的材质,故多用来模拟纸、布窗帘、树叶等半透明物体的表面。添加VRay双面材质后,其参数卷展栏如右图所示。

下面介绍各主要参数的含义。

- 正面材质:用于物体正表面材质的设置。
- 背面材质:用于物体内表面材质的设置,其后复选框可启用或禁用该子材质。
- 半透明:设置两种子材质之间相互显示的程度值,该值取值范围是从0.0到100.0的百分比。设置为100%时,可以在内部面上显示外部材质,并在外部面上显示内部材质;设置为50%时,内部材质根据指定的百分比将下降,并显示在外部面上。
- 强制单面子材质:勾选该复选框后,材质只表现其中一个子材质。

(2)VRayLightMtl(VRay灯光材质)

VRay灯光材质是一种可以使物体表面产生自发光的特殊材质类型,允许用户将该自发光材质的对象作为实际直接照明光源,还允许将对象转换为实际光源。其参数卷展栏如右图所示。

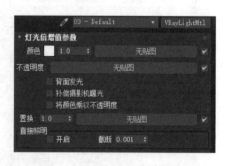

- 颜色:指定材质的自发光颜色,右侧的数值框用来设置自发光的强度。
- 不透明度:用贴图纹理来控制材质背面发射光不透明度。
- 背面发光:勾选该复选框后,物体的背面也发射光。
- 补偿摄影机曝光:控制摄影机曝光补偿的数值。
- 将颜色乘以不透明度:勾选该复选框后,将控制不透明度与颜色相乘。

（3）VRayMtlWrapper（VRay材质包裹器）

VRay材质包裹器用于控制应用基础材质后物体的全局照明、焦散等属性，这些属性也可在"对象属性"对话框中设置。如果场景中某一材质出现过亮或色溢情况，可以用VRay材质包裹器将该材质嵌套起来，从而控制自发光或饱和度过高材质对其他对象的影响。

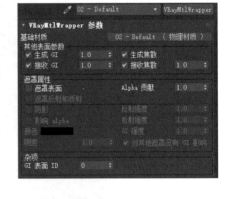

VRay材质包裹器参数卷展栏如右图所示。各参数的含义如下。

- **基础材质**：用来设置基础材质参数，此材质必须是VRay渲染器支持的材质类型。
- **其他表面参数**：该选项组中的参数用于设置物体在场景中的全局照明和焦散相关属性。
- **遮罩属性**：该选项组中的参数用于设置物体在渲染过程中是否可见、是否产生反射/折射、是否产生阴影、接收全局照明的程度等。
- **杂项**：用来设置全局照明表面ID的参数。

实战练习 使用VRay灯光材质制作装饰灯

学习了VRay灯光材质的应用后，接下来将制作装饰灯发光效果对所学内容进行练习，具体步骤如下。

步骤 01 打开"装饰灯.max"文件，场景中包含两个不同颜色的玻璃瓶，内部有螺纹模型，如下左图所示。接下来为该模型添加VRay灯光材质。

步骤 02 按M键打开"材质编辑器"窗口，选择空白材质球，单击"物理材质"按钮，在打开的"材质/贴图浏览器"对话框中选择VRayLightMtl选项，单击"确定"按钮，如下右图所示。

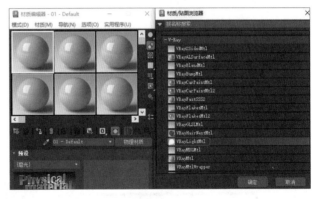

步骤 03 在参数卷展栏中设置"颜色"为浅红色，右侧数值设置为50，勾选"开启"复选框，参数和材质球的效果如下两图所示。

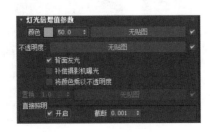

步骤 04 为了展示VRay灯光材质的效果，我们对其进行渲染，效果如下图所示。

4.4 贴图

贴图主要用于表现物体材质表面的纹理，可以在不增加模型复杂程度的同时来表现模型的细节，并且可以创建反射、折射、凹凸和镂空等多种效果。

4.4.1 认识贴图通道

3ds Max有很多贴图通道，每一种通道用于控制不同的材质属性效果，在不同的通道上添加贴图会产生不同的作用。例如，在"漫反射"通道上添加贴图会产生固有色的变化，因此需要先设置材质，后设置贴图。

（1）在参数后面的通道上添加贴图

添加某个材质后，在卷展栏中设置参数时，单击右侧添加贴图图标。例如在"漫反射"通道上添加贴图，单击右侧贴图图标，如下左图所示。打开"材质/贴图浏览器"对话框，选择合适的贴图，单击"确定"按钮，如下右图所示。

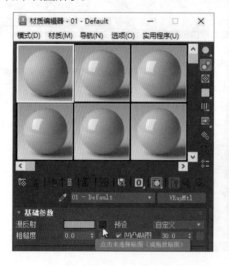

（2）在"贴图"卷展栏的通道上添加贴图

用户可以在"材质编辑器"的"贴图"卷展栏中添加贴图，该卷展栏中有很多贴图通道，单击任一通道按钮，如下左图所示。即可打开"材质/贴图浏览器"对话框来选择相应的贴图类型，如下右图所示。

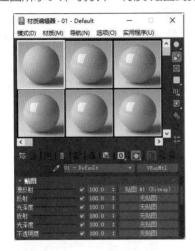

4.4.2 位图贴图

位图是最常用的贴图类别，位图贴图支持的图片格式很多，包括JPEG、PSD、GIF、PNG和TIFF等。单击"贴图"卷展栏任一贴图通道按钮，在打开的"材质/贴图浏览器"中选择"贴图"卷展栏中的"位图"选项，即可添加位图。下左图为"位图"的参数卷展栏。下右图为"坐标"参数卷展栏。

加载贴图后，贴图有两种模式，分别是"纹理"和"环境"。当为材质添加贴图时，使用"纹理"模式；当为环境贴图时，使用"环境"模式。

下面介绍"坐标"卷展栏中常用参数的含义。

● **偏移：**设置贴图的位置偏移效果。下左图是"偏移"为0的效果，下右图是"偏移"为0.5的效果。

● **瓷砖：**设置贴图在X轴和Y轴平铺重复的程度。下页左图是"偏移"为0、"瓷砖"为1的效果，下页右图是"偏移"为0、"瓷砖"为3的效果。

- **角度：** 设置贴图在 X、Y、Z 轴的旋转角度。
- **模糊：** 设置贴图的清晰度，数值越小越清晰，但渲染越慢。
- **裁剪/放置：** 位于"位图参数"卷展栏中，勾选"应用"复选框，单击"查看图像"按钮，在打开的窗口中框选部分区域，该部分就是应用的贴图部分，区域之外部分不会被渲染出来。单击"查看图像"按钮，调整红色框选区域的控制点，使需要的部分位于裁剪框内，如下左图所示。勾选"应用"复选框后，茶壶模型的效果如下右图所示。

4.4.3 平铺贴图

用户可以利用平铺贴图快速创建按一定规律重复组合的贴图类别，常用于砖块效果的创建，其参数卷展栏如下两图所示。

在"标准控制"卷展栏中可以设置平铺的方式，单击"预设类型"下三角按钮，在打开的列表中显示了7种平铺的方式。

打开"高级控制"卷展栏后，我们可以在"平铺设置"和"砖缝设置"选项区域中设置纹理的颜色或加载贴图。下左图为设置纹理颜色的效果。

"水平数"和"垂直数"参数可以用来控制砖块的数量。下左图设置"水平数"和"垂直数"均为3，表示纵横都是3块砖。下右图为设置"水平数"和"垂直数"参数均为8的效果。

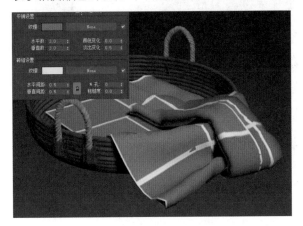 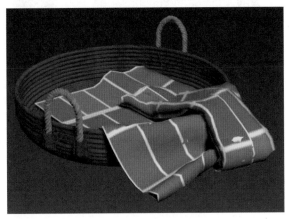

设置"颜色变化"值可以让砖块产生设定颜色上的随机变化，其效果更加丰富。下左图为设置"颜色变化"值为0的效果，下右图为设置"颜色变化"值为3的效果。

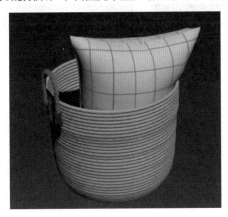 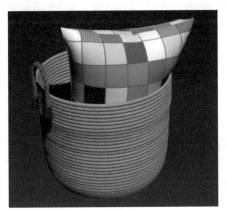

4.4.4 衰减贴图

衰减贴图是指两种颜色混合产生的衰减过渡效果。"衰减"贴图模拟在几何体曲面的面法线角度上生成从白到黑过渡值的衰减情况，默认设置下，贴图会在法线从当前视图指向外部的面上生成白色，而在法线与当前视图平行的面上生成黑色。其参数比较简单，如下两图所示。

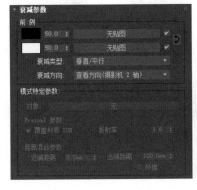 

下面介绍各参数的含义。

- **前：侧：**衰减贴图通过"前"和"侧"两个通道控制材质的颜色，也可以通过加载贴图控制材质的颜色。下左图是默认的颜色，下右图是设置"前"和"侧"的颜色分别为草绿色和淡黄色的效果。

- **衰减类型：**下拉列表中包括5种"衰减"方式，其中"垂直/平行"方式过渡效果较强烈，也是默认的衰减方式，效果如下左图所示。"Fresnel"方式过渡效果较柔和，如下中图所示。"距离混合"方式不是很常用，它是根据"近端距离"和"远端距离"的值产生颜色的，效果如下右图所示。

- **混合曲线：**无论是哪种衰减方式，产生的过渡效果都是线性的，设置不同的曲线角度，会产生不同的过渡效果。右击角点，在快捷菜单中选择对应的命令，可以调整曲线的角度。下左图为调整右上角点的效果；下中图为调整左下角点的效果；下右图为通过"添加点"按钮在中间添加控制点，并调整角点位置的效果。

4.4.5 噪波贴图

噪波贴图是在两种颜色或材质贴图之间进行交互，从而在对象的曲面生成随机扰动。"噪波"的卷展栏如下左图所示。

- **噪波类型**：包括"规则""分形"和"湍流"3种类型。
- **噪波阈值**：控制噪波中黑色和白色的显示效果。下中图是设置"高"为1的效果，下右图是设置"高"为0.5的效果。

- **大小**：设置噪波波长的距离。
- **级别**：用于设置"分形"和"湍流"方式时产生噪波的量。
- **相位**：设置噪波的动画速度。
- **交换**：将右侧设置的两个颜色的位置进行互换。

4.4.6 混合贴图

使用混合贴图功能，通过一张贴图控制两种颜色或贴图的分布比例，从而产生混合的效果。该贴图方式常用于花纹床单、墙绘等效果的制作，其对应的参数卷展栏如右图所示。

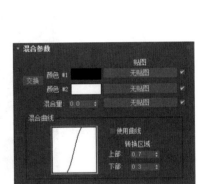

- **颜色#1和颜色#2**：用于设置混合的两种颜色或贴图。
- **混合量**：设置两种颜色的混合比例，其值在0～100之间。设置"混合量"为0时，显示颜色#1的颜色；设置"混合量"为100时，显示颜色#2的颜色。
- **混合曲线**：通过调整曲线，可以控制混合的效果。

下左图为设置两种颜色后，其"混合量"为50的效果。下中图为保持参数不变，为"混合量"添加黑白凹凸贴图的效果。下右图为取消混合量的贴图，分别为"颜色#1"和"颜色#2"添加两种贴图，"颜色#1"为水彩画，"颜色#2"为黑白纹理，设置"混合量"为20。

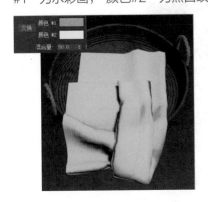  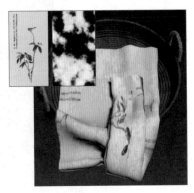

知识延伸：贴图拉伸错误处理

当设置好贴图并为模型添加材质后，有的贴图能正确显示，而有的贴图会显示错误，出现拉伸现象。例如，为圆柱体和在挤出部分面的模型上添加木纹贴图，如下图所示。

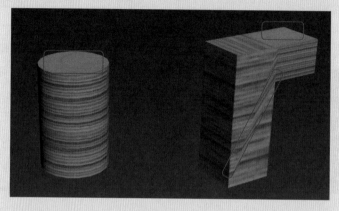

此时模型若出现拉伸的错误效果，只需要为其添加"UVW贴图"修改器即可。选择不同的贴图类型，其效果也不同。下面以圆柱体为例介绍各类型的效果。添加"UVW贴图"修改器后，"参数"卷展栏中包含"平面""柱形""球形"和"长方体"等贴图类型，如下左图所示。默认为"平面"贴图类型，效果如下右图所示。

选择"柱形"单选按钮，圆柱体侧面木纹是水平方向的，顶部和底部没有明显的木纹，如下左图所示。当勾选右侧的"封口"复选框，圆柱体的顶部和底部也应用了木纹材质，效果如下右图所示。

选择"球形"单选按钮，圆柱体顶部和底部的木纹是圆形的，效果如下左图所示。选择"收缩包裹"单选按钮，圆柱体的木纹像是垂直方向制作成的，效果如下右图所示。

选择"长方体"单选按钮，圆柱体的木纹效果和选择"柱形"单选按钮并勾选"封口"复选框效果类似，如下左图所示。选择"面"单选按钮，圆柱体的木纹效果如下中图所示。选择"*XYZ*到*UVW*"单选按钮，圆柱体的木纹效果如下右图所示。

- **长度、宽度和高度**：通过附着在模型表面的黄色框大小控制贴图的显示，如右图所示。
- ***U/V/W*向平铺**：设置*U/V/W*轴向贴图的平铺次数。
- **翻转**：反转图像。
- **对齐*X/Y/Z***：设置贴图显示的轴向。
- **操纵**：启用时，Gizmo出现在可以改变视口中的参数的对象上，为绿色的线框。
- **适配**：单击该按钮，Gizmo自动变为与模型等大的效果。

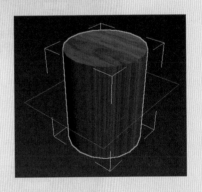

上机实训：为浴室添加材质

本章学习了3ds Max材质的基础知识以及相关应用，其中VRay材质是我们经常使用的材质，它可以模拟不同物体表面特性的材质类别，制作出真实的物质效果。下面介绍为浴室添加材质的方法。

扫码看视频

步骤01 打开"浴室.max"文件，为未添加材质的效果，如下页左图所示。

步骤02 执行"渲染>材质编辑器>精简材质编辑器"命令或者按M键，打开"材质编辑器"对话框，选择空白材质球，单击"物理材质"按钮，打开"材质/贴图浏览器"窗口，然后选择VRayMtl选项，单击"确定"按钮，如下页右图所示。

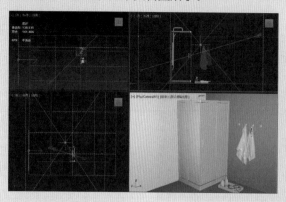 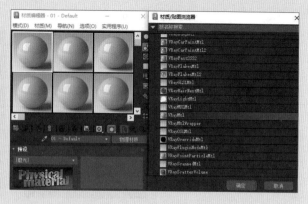

步骤 03 将其命名为"玻璃"，在"基本参数"卷展栏中设置"漫反射"为白色、"反射"为黑色、"最大深度"为3、"折射"为白色，如下左图所示。

步骤 04 双击材质球，查看效果，如下右图所示。然后将该材质应用到玻璃门模型上。

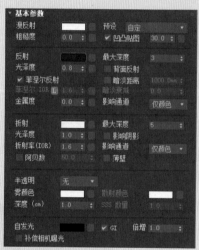 

步骤 05 要为玻璃门边框制作金属材质，则先选择空白材质球，添加VRayMtl材质，设置"漫反射"和"反射"为白色、"折射"为黑色，设置"金属度"为1，如下左图所示。

步骤 06 将材质添加到玻璃门框和热水器模型。按下来为浴巾模型添加材质，设置"漫反射"为棕色、"反射"为黑色，如下右图所示。

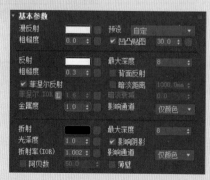 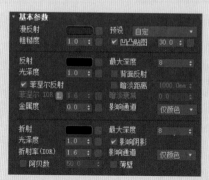

步骤 07 接下来为洗浴瓶模型添加材质，用户可以设置不同的"漫反射"颜色，如下页左图所示。

步骤 08 再为洗浴瓶的瓶盖模型和香皂添加材质，设置"漫反射"颜色为浅灰色，如下页右图所示。

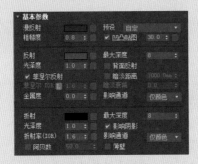 

步骤 09 要为洗浴的托盘添加木纹的材质，则先选择空白材质球，添加VRay材质，单击"漫反射"右侧的按钮，在打开的"材质/贴图浏览器"对话框中选择"位图"选项。在打开的"选择位图图像文件"对话框中选择准备好的"木纹1.jpg"图像文件，如下两图所示。

步骤 10 接下来为地面添加瓷砖材质，为漫反射添加"平铺"贴图。然后展开"高级控制"卷展栏，为"纹理"添加"黑白裂缝.jpg"贴图，设置"水平数"和"垂直数"为4，在"坐标"卷展栏中设置瓷砖U、V分别为6和3，如下图所示。

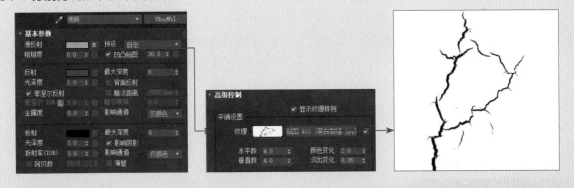

步骤 11 根据相同的方法为墙壁添加瓷砖材质，贴图使用"黑白贴图.jpg"。最终的渲染效果如右图所示。

课后练习

一、选择题

（1）在3ds Max中，按下（　　　）键可以打开"材质编辑器"窗口。

　　A. F9　　　　　　　　　　　　　　　　B. F10

　　C. M　　　　　　　　　　　　　　　　D. F5

（2）（　　　）可以模拟一般物体的真实颜色，是直接表现物体色彩的材质属性。

　　A. 漫反射　　　　　　　　　　　　　　B. 反射

　　C. 折射　　　　　　　　　　　　　　　D. 粗糙度

（3）（　　　）是一种可以使物体表面产生自发光的特殊材质类型，允许用户将该自发光材质的对象作为实际直接照明光源，还允许将对象转换为实际光源。

　　A. VRay灯光　　　　　　　　　　　　B. VRay光亮

　　C. VRayMtl　　　　　　　　　　　　 D. VRay灯光材质

（4）衰减贴图类型中（　　　）过渡比较强烈。

　　A. 距离混合　　　　　　　　　　　　　B. 垂直/平行

　　C. Fresnel　　　　　　　　　　　　　 D. 以上都不是

二、填空题

（1）在3ds Max中，材质编辑器有_____、_____两种模式。

（2）VRayMtl材质主要包括_____、_____和_____三大属性。

（3）设置材质时，_____可以制作反光的材质，根据强度可以制作出不同的质感的材质，例如镜子、大理石等。

（4）设置好贴图并为模型添加材质后，有的贴图会显示错误的拉伸现象，此时需要添加_____修改器。

三、上机题

　　本章学习了材质和贴图的相关知识，接下来请根据所学内容为"餐桌.max"文件中的餐具添加材质。下左图是玻璃杯的材质设置，下中图是添加水墨贴图并设置相关参数，下右图是渲染出来的效果。

 # 第5章 摄影机、灯光和环境设置

本章概述

本章主要对3ds Max中摄影机、灯光和环境的相关设置进行详细讲解，包括摄影机的创建、灯光的应用以及环境的渲染等。本章通过理论讲解与实战练习相结合，使读者更深刻掌握摄影机和灯光的使用技巧。

核心知识点

① 熟悉摄影机的创建
② 了解灯光的基础知识
③ 掌握创建灯光的方法
④ 掌握设置环境的方法

5.1 认识摄影机

摄影机好像人的眼睛，创建场景对象、布置灯光、调整材质所创作的效果图都需要通过这双眼睛来观察。在场景中创建摄影机后，可以通过摄影机查看视图，也可以创建多个摄影机显示不同的视图。在3ds Max中，摄影机有哪些作用呢？

首先，可以固定场景的角度，在透视图中创建摄影机后，按快捷键C可以切换到固定的视角进行渲染。

其次，在场景中添加摄影机特效，可以影响渲染的效果，例如可以添加运动模糊或景深特效。

最后，摄影机可以增大画面的空间感，即摄影机视图可以增强透视感，产生更大的空间感。

5.1.1 创建摄影机

在3ds Max中，用户可以自动创建摄影机也可以手动创建。打开3ds Max文件后，在透视图中旋转并调整合适的视角，按Ctrl+C组合键即可自动创建一台摄影机，并且当前视角变为摄影机的视角。此时在透视图的左上角显示PhysCamera001，表示创建了一台物理摄影机，如下左图所示。

在"创建"命令面板中单击"摄影机"按钮 🎥 ，可以看到"对象类型"卷展栏中包括3种摄影机类型，单击对应的按钮，例如单击"目标"按钮。在"顶"视口中拖拽绘制目标摄影机，如下右图所示。

提示：平移摄影机

创建摄影机后，如果感觉视角不是很完美，可以单击界面右下角"平移摄影机"按钮 🖐 ，如右图所示。则在该摄影机视图中光标变为手的形状，按住鼠标左键拖拽调整视图，直至显示合理的视角。

　　创建摄影机后，可以通过快捷键C切换不同的摄影机视图。创建物理摄影机和目标摄影机后，按C键激活透视图，打开"选择摄影机"对话框，列表框中包含场景中创建的所有摄影机，如下左图所示。选择后单击"确定"按钮，即可切换到指定摄影机视图。

　　我们还可以在任意视图中单击左上角视图名称，在菜单中选择"摄影机"命令，子菜单将显示场景中创建的所有摄影机，选择即可切换至该摄影机视图，如下右图所示。

5.1.2　调整摄影机视图的视角

　　在3ds Max场景中创建摄影机后，可以通过界面右下角提供的功能按钮调整摄影机视图的视角，例如推拉摄影机、环游摄影机和平移摄影机等。下面通过具体的操作进行介绍。

　　步骤 01 首先进入需要调整的摄影机视图，单击界面右下角的"环游摄影机"按钮❷。下左图为物理摄影机的视角。

　　步骤 02 此时光标变为❷图标，按住鼠标左键拖拽，即可转动当前摄影机视角，移到合适位置释放鼠标，如下右图所示。

　　步骤 03 通过推拉摄影机可以调整视角的远近，单击"推拉摄影机"按钮，光标变为上下双箭头的图标，按住鼠标左键向上滑动时距离变近，向下滑动时距离变远。我们向上滑动充分观察花瓶模型，如下页左图所示。

　　步骤 04 接着单击"平移摄影机"按钮，光标变为手掌图形，按住鼠标左键平移视图，显示到合适的视图后释放鼠标左键即可，如下页右图所示。

5.2 标准摄影机

在制作效果图或动画的过程中，需要用户创建合适的摄影机来凸显对象或动画效果。3ds Max为用户提供了3种类型的摄影机，包括目标摄影机、自由摄影机和物理摄影机。

在"创建"面板中单击"摄影机"按钮，在摄影机类别中选择"标准"选项，在"对象类型"卷展栏中显示上述3种摄影机，如右图所示。

5.2.1 物理摄影机

物理摄影机可以模拟单反相机的效果，它与真实的摄影机原理类似，可以设置快门、曝光等效果。物理摄影机由两部分组成，分别为摄影机和目标点，如下左图所示。下右图为物理摄影机的参数。

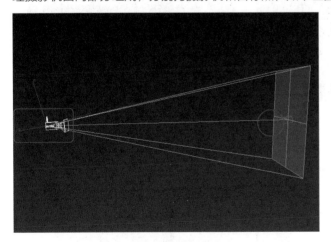

物理摄影机所呈现的效果是由"焦距""光圈""快门"和"曝光"等参数共同决定的。

- **焦距**：用来设置摄影机呈现画面的大小。数值越小，画面中包含的内容就越多，相当于广角效果；数值越大，画面中包含的内容就越少。下页左图为设置"焦距"为0.5毫米的效果；下页右图为设置"焦距"为3毫米的效果。

- **光圈：** 决定画面亮度的因素之一，也是影响景深效果的重要因素。
- **快门：** 决定画面亮度的因素之一，也是影响模糊效果的重要因素。
- **曝光：** 在"曝光"卷展栏中有两种曝光增益的方式，分别为"手动"和"目标"。"手动"是胶片或传感器的敏感度，数值越大，画面会越亮；"目标"是摄影机当前使用的曝光值。

5.2.2　目标摄影机

　　目标摄影机是3ds Max中最常用的摄影机类型之一，它包括摄影机和目标点两部分，如下左图所示。目标摄影机主要包括"参数"和"景深参数"卷展栏，如下右图所示。

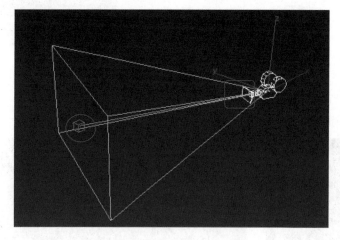 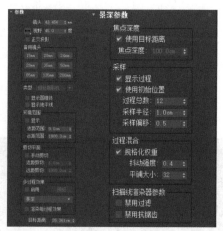

（1）"参数"卷展栏

　　"参数"卷展栏主要用来设置镜头、视野和环境范围等，下面介绍该卷展栏中各参数的含义。

- **镜头：** 用来设置摄影机的焦距，单位是mm。下左图"镜头"设置为40mm，下右图"镜头"设置为60mm。

- **视野**：设置摄影机查看区域的宽度。
- **正交投影**：勾选此复选框后，摄影机视图与用户视图一致。而未勾选此复选框时，摄影机视图与标准的透视视图一致。
- **"备用镜头"选项区域**：提供一些预设值来设置摄影机的焦距。
- **类型**：可将目标摄影机与自由摄影机进行相互切换。
- **显示圆锥体**：除摄影机视口外的视口中，显示摄影机视野定义的锥形光线。
- **显示地平线**：在摄影机视口中的地平线层级显示一条深灰色的线条。
- **"环境范围"选项区域**：设置大气效果的"近距范围"和"远距范围"限制，控制两个限制之间的对象的大气效果。
- **"剪切平面"选项区域**：定义剪切平面的"近距范围"和"远距范围"，比近距剪切平面近或比远距剪切平面远的对象不可见。
- **"多过程效果"选项区域**：指定摄影机应用景深或运动模糊效果。
- **目标距离**：设置摄影机和目标点之间的距离，在自由摄影机中该目标点不可见，可作为旋转摄影机所围绕的虚拟点。

（2）"景深参数"或"运动模糊参数"卷展栏

在"参数"卷展栏的"多过程效果"组下拉列表中选择"景深"或"运动模糊"选项后，参数面板中将出现对应的"景深参数"或"运动模糊参数"卷展栏。下左图为"景深参数"卷展栏，下右图为"运动模糊参数"卷展栏。

在"参数"卷展栏中启用"景深"选项后，摄影机将通过模糊到摄影机焦点某距离处的帧的区域，使焦点之外的区域产生模糊效果。下面介绍"景深参数"卷展栏中各主要参数的含义。

- **使用目标距离**：勾选该复选框后，可以将摄影机的目标距离用作每个过程偏移摄影机的点，而禁用该复选框后，使用"焦点深度"值偏移摄影机。
- **焦点深度**：只有当"使用目标距离"处于禁用状态时，"焦点深度"参数才被激活。"焦点深度"较低的值提供狂乱的模糊效果。"焦点深度"较高的值将模糊场景的远处部分。
- **显示过程**：勾选该复选框后，渲染帧窗口显示多个渲染通道。
- **使用初始位置**：勾选该复选框后，第一个渲染过程位于摄影机的初始位置。
- **过程总数**：用于生成效果的过程数，增加此值可以提高效果的精确性，但渲染时间将延长。
- **采样半径**：通过移动场景生成模糊的半径。增加该值将增加整体模糊效果，减小该值将减少模糊。
- **采样偏移**：模糊靠近或远离"采样半径"的权重，该值越大，提供的效果越均匀。
- **规格化权重**：当勾选该复选框，将权重规格化，会获得较平滑的结果，而未勾选该复选框，效果会变得清晰一些，但通常颗粒状效果更明显。

- **抖动强度**：控制应用于渲染通道的抖动程度，增加此值会增加抖动量，并且生成颗粒状效果。
- **"扫描线渲染器参数"选项区域**：用于渲染过程中禁用过滤或抗锯齿效果，禁用后可缩短渲染时间。

运动模糊是通过在场景中基于移动的偏移渲染通道，来模拟摄影机的运动模糊效果。下面介绍"运动模糊参数"卷展栏中各主要参数的含义。

- **偏移**：设置模糊的偏移距离，默认情况下，模糊在当前帧前后是均匀的，即模糊对象出现在模糊区域的中间。增加"偏移"值移动模糊对象后面的模糊，与运动方向相对。减少该值移动模糊对象前面的模糊。
- **"过程混合"选项区域**：该选项组用以避免混合的过程中出现太人工化、规则的效果。

> **提示：隐藏/显示摄影机**
>
> 场景中的对象比较多时，将摄影机隐藏起来可以使场景更简洁。按Shift+C组合键即可进行隐藏或显示摄影机。

自由摄影机用于在摄影机指向的方向查看区域内的对象。与目标摄影机不同，自由摄影机只由单个图标摄影机表示，没有目标点。使用自由摄影机可以更轻松地设置动画和不受限制地移动、旋转和定向摄影机。

5.3 VRay物理相机

VRay摄影机比标准摄影机的功能更强大，VRay摄影机包括VRay穹顶相机和VRay物理相机两种类型，如右图所示。其中VRay物理相机使用较多，也是本节介绍的重点内容。

物理相机相当于一台真实的摄影机，有光圈、快门、曝光等功能。用户通过VRay物理相机能制作出更真实的效果。在"创建"命令面板中切换至"摄影机"选项卡，在摄影机类别中选择VRay选项，在"对象类型"卷展栏单击"VRay物理相机"按钮，在视图中绘制摄影机，如下左图所示。其参数卷展栏如下右图所示。

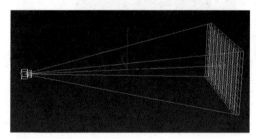

下面介绍各卷展栏中重要参数的含义。

（1）基本&显示

"基本&显示"卷展栏如右图所示。

- **目标**：勾选该复选框可以手动调整目标点。取消勾选则需要通过设置"目标距离"参数进行调整。
- **类型**：设置摄影机的类型，包含"静物摄影机""电影摄影机"和"视频摄影机"3种。"静物摄影机"为默认类型，用来模拟一台常规快门的静态画面摄影机。"电影摄影机"用来模拟一台圆形快门的电影摄影机。"视频摄影机"用来模拟带CCD矩阵的快门摄影机。

（2）传感器&镜头

"传感器&镜头"卷展栏如右图所示。

- **视野：** 勾选该复选框可以调整摄影机的可视区域。
- **焦距：** 设置摄影机的焦距数值。
- **缩放系数：** 控制摄影机视图的缩放。数值越大，摄影机的视图
  拉得就越近。下左图是设置"缩放系数"为0.5的效果，下右图为"缩放系数"为1的效果。

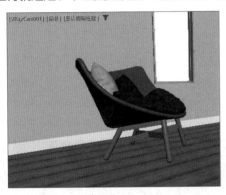 

（3）光圈

"光圈"卷展栏如右图所示。

- **F值：** 设置摄影机的光圈大小，主要用来控制渲染图像的最终亮
  度。值越小，图像越亮；反之图像越暗。
- **快门速度（s^-1）：** 设置进光时间，数值越小图像就越亮。
- **快门角度：** 当摄影机选择"电影摄影机"时，该选项才可以使用，用来控制图像的明暗。
- **快门偏移：** 当摄影机选择"电影摄影机"时，该选项才可以使用，用来控制快门角度的偏移。
- **延迟时间：** 当摄影机选择"视频摄影机"时，该选项才可以使用，用来控制图像的明暗。

（4）景深DoF和运动模糊

"景深和运动模糊"卷展栏如右图所示。

- **景深：** 控制是否开启景深效果。
- **运动模糊：** 控制是否开启运动模糊效果。

（5）颜色和曝光

"颜色和曝光"卷展栏如右图所示。

- **曝光：** 用于设置曝光类型，其中包括"无曝光""物理曝光"和
  "曝光值（EV）"3种。
- **暗角：** 勾选该复选框，在渲染时图形四周产生深色的黑晕。
- **白平衡：** 和真实摄影机的功能一样，控制图像的色偏。
- **自定义白平衡：** 用于控制自定义摄影机的白平衡颜色。

（6）散景效果

"散景效果"卷展栏如右图所示。

- **叶片：** 控制散景产生的小圆圈的边，默认值为5，表示散景的小
  圆圈为正五边形。如果取消勾选该复选框，表示散景就是圆形。

- **旋转（度）：** 设置散景小圆圈的旋转角度。
- **中心偏移：** 设置散景偏移源物体的距离。
- **各向异性：** 控制散景的各向异性，值越大，散景的小圆拉得越长。

实战练习 通过VRay物理相机渲染图像

本节我们学习了VRay物理相机的创建以及各参数的含义，接下来通过设置VRay物理相机中相关参数渲染出不同色调的图像。本示例主要设置VRay物理相机的"光圈"卷展栏中"F值"参数和"颜色和曝光"卷展栏中"白平衡"参数，下面介绍具体操作方法。

步骤 01 打开"实战练习：通过（VRay）物理摄影机渲染图像.max"文件，在该文件中添加太阳光，如下左图所示。

步骤 02 在"摄影机"选项卡中选择"VRay"选项，然后单击"VRay物理相机"按钮，在"顶"视口中创建摄影机并调整位置，切换至摄影机视图，如下右图所示。

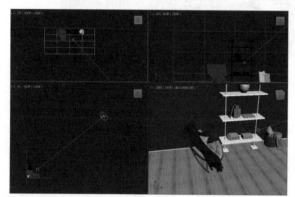 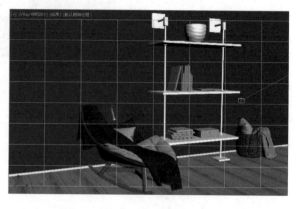

步骤 03 在视口中选中摄影机，切换至"修改"命令面板，在"基本&显示"卷展栏中设置"对焦距离"为40cm，"光圈"卷展栏中设置"F值"为8，在"颜色和曝光"卷展栏中设置"白平衡"为"中性"，如下左图所示。

步骤 04 在菜单栏中执行"渲染>渲染"命令，从渲染效果可见图像比较暗，因为"F值"越大，渲染的图像就越暗，如下右图所示。

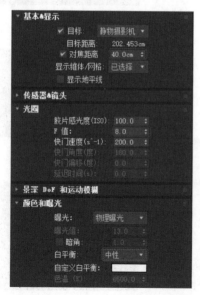 

步骤 05 设置"F值"为5，在"颜色和曝光"卷展栏中设置"白平衡"为"日光"，再次进行渲染，可见图像偏日光的暖色调，如下图所示。

5.4 认识灯光

灯光照射到物体表面，可以产生明暗，使其更立体。灯光不但可以照亮场景，还可以表达作品的情感，设置明亮的、暗淡的、闪烁的、奇幻的灯光可以衬托背后的情感。下左图为室外场景，主要是太阳光，下右图是室内灯光的效果。

通常情况下创建的场景中是没有灯光，3ds Max会使用默认的照明来渲染场景，而默认照明往往不够亮，也不能照到复杂对象的所有面上，故渲染出的场景效果与所需效果相去甚远。这时用户就需要添加灯光使场景更明亮。

5.4.1 标准灯光

标准灯光是基于计算机的模拟灯光对象，如家用或办公室的灯、舞台和电影工作时使用的灯光设备以及太阳光本身等。

标准灯光是3ds Max中最简单的灯光类型，包括6种类型：目标聚光灯、自由聚光灯、目标平行光、自由平行光、泛光和天光。

（1）目标聚光灯

目标聚光灯是指沿目标点方向发射的聚光光照效果，可以模拟聚光灯效果，主要用来模拟吊灯、舞台灯等。目标聚光灯由透射点和目标点组成，其方向性非常强，对阴影的塑造能力也很强。下左图是聚光灯的效果，下右图是卧室射灯的效果。

目标聚光灯的参数如下图所示。

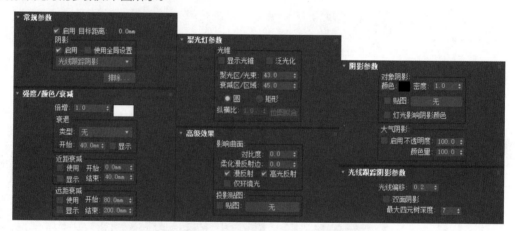

"常规参数"卷展栏中参数可以设置是否开启灯光或阴影，以及阴影的类型。灯光类型用于设置灯光的类型，包括"聚光灯""平行光"和"泛光"3种，如下图所示。灯光类型可以在"修改"面板的"常规参数"卷展栏中设置。

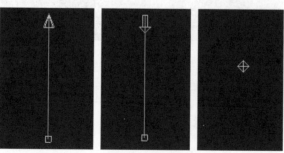

"强度/颜色/衰减"参数卷展栏中参数可以设置灯光的颜色和强度，也可以自定义灯光的衰退、近距衰减和远距衰减等参数。下面介绍卷展栏中各参数的含义。

● **倍增：**将灯光的功率放大一个正或负的量。例如将倍增设置为2，灯光将亮两倍，而负值可以将灯光变暗，这对于在场景中有选择地放置黑暗区域较为有用。该参数的默认值为1.0。

- **色块**：单击色块按钮将打开"场景颜色选择器：灯光颜色"对话框，设置灯光的颜色。
- **类型**：选择要使用的衰退类型，有"无""倒数"和"平方反比"3种类型可供选择。其中"倒数"和"平方反比"选项是使远处灯光强度减小的两种不同方法；而"无"选项则不应用衰退，其结果是从光源处至无穷大处灯光仍然保持全部强度，除非启用远距衰减。

创建目标聚光灯或自由聚光灯时，"修改"面板中将显示"聚光灯参数"卷展栏，该卷展栏中的参数用以控制聚光灯的聚光区和衰减区等效果。

- **显示光锥**：启用或禁用圆锥体的显示效果。
- **泛光化**：勾选该复选框，灯光将在所有方向上投影灯光，但投影和阴影只发生在该灯光的衰减圆锥体内。
- **聚光区/光束**：调整灯光圆锥体的角度，聚光区值以度为单位进行测量。下左、下右图为设置不同值的效果。
- **衰减区/区域**：调整灯光衰减区的角度，衰减区值以度为单位进行测量。"衰减区/区域"和"聚光区/光束"的差值越大，灯光过渡越柔和。

"阴影参数"卷展栏中可以设置阴影的基本参数，下面介绍各主要参数的含义。

- **颜色**：单击色块按钮打开"场景颜色选择器：阴影颜色"对话框，然后为灯光投射的阴影选择一种颜色，默认颜色为黑色。
- **贴图**：勾选该复选框，即可将贴图指定给阴影，默认为禁用状态。
- **灯光影响阴影颜色**：勾选该复选框，可将灯光颜色与阴影颜色（如果阴影已设置贴图）混合起来，默认情况下为禁用状态。
- **"大气阴影"选项区域**：可以使如体积雾这样的大气效果也投射阴影，并可设置具体参数。

（2）目标平行光

目标平行光可以产生一个照射区域，主要用来模拟自然光线的照射效果。在制作室外建筑效果图时，主要使用该灯光模拟室外阳光效果，如下左图所示。目标平行光照射的原理效果如下右图所示。

目标平行光

（3）泛光

泛光是指光源向周围发散的光线可以到达场景中无限远的位置。3ds Max中的泛光比较容易创建和调节，能够均匀地照射场景，但是过多使用泛光会导致场景暖意层次变暗，缺乏对比。我们经常使用泛光模拟烛光、壁灯和吊灯等效果。下左图为烛光效果，下右图为吊灯效果。

（4）天光

天光主要用来模拟天空光，以穹顶方式发光，可以将场景整体提亮。天光可以用于所有需要基于物理数值的场景。天光可以作为场景中唯一的光源，也可以配合其他灯光使用。

天光的参数比较少，如右图所示。

- **启用**：控制是否开启天光。
- **倍增**：控制灯光的强度。
- **天空颜色**：设置天光的颜色。
- **贴图**：设置贴图来影响天光的颜色。
- **投射阴影**：控制天光是否投射阴影。
- **每采样光线数**：计算落在场景中每个点的光子数目。
- **光线偏移**：设置光线产生的偏移距离。

5.4.2 光度学灯光

光度学灯光与标准灯光一样，强度、颜色等是最基本的属性，但是光度学灯光还具有物理方面的参数，例如灯光的分布、形状和色温等。光度学灯光可以允许我们导入照明制造商提供的特定光度学文件，例如射灯。

光度学灯光包括"目标灯光""自由灯光"和"太阳定位器"3种类型，如右图所示。

目标灯光用来模拟射灯、筒灯等效果。"自由灯光"与"目标灯光"相比，只是缺少目标点。"太阳定位器"可以创建真实的太阳效果，并且可以调整日期和在地球上所在的经度纬度。

在光度学灯光的多个参数卷展栏中，用户会发现"阴影参数""阴影贴图参数""大气和效果"和"高级效果"参数卷展栏与标准灯光中的参数一致，"常规参数"卷展栏也大致相同，而"强度/颜色/衰减"和"图形/区域阴影"卷展栏与标准灯光相比相差较大。此外，光度学灯光还存在特有的"分布（光度学Web）"卷展栏。下面将介绍几种与标准灯光不同的常用参数卷展栏。

"强度/颜色/衰减"参数卷展栏用来设置光度学灯光的颜色、强度、暗淡和远距衰减等参数，如右图所示。

（1）"颜色"选项区域

- **灯光下拉列表：** 拾取常见灯，使之近似于灯光的光谱特征，共有21种选项。
- **开尔文：** 调整色温微调器设置灯光的颜色，色温以开尔文度数表示。
- **过滤颜色：** 模拟置于光源上的过滤颜色的效果，例如红色过滤器置于白色光源上就会投影红色灯光效果。

（2）"强度"选项区域

在物理数量的基础上指定光度学灯光的强度或亮度，有lm（流明）、cd（坎德拉）和lx（勒克斯）3种单位设置光源的强度。其中lm测量灯光的总体输出功率（光通量），cd 用于测量灯光的最大发光强度，lx测量以一定距离并面向光源方向投射到表面上的灯光所带来的照度。

"图形/区域阴影"卷展栏用于选择生成阴影的灯光图形，在"从（图形）发射光线"选项区域中展开下拉列表，包括"点光源""线""矩形""圆形""球体"和"圆柱体"6种选项来设置阴影生成的图形。

当选择非"点光源"选项时，灯光维度和阴影采样参数控件将分别显示"从（图形）发射光线"选项区域和"渲染"选项区域。这时若勾选"渲染"选项区域的"灯光图形在渲染中可见"复选框，灯光图形在渲染中会显示为自供照明（发光）的图形，若不勾选该复选框将无法渲染灯光图形，只能渲染它投影的灯光。

在"常规参数"卷展栏中"灯光分布（类型）"下拉列表中选择"聚光灯"或"光度学 Web"选项，则会出现对应的"分布（聚光灯）"或"分布（光度学Web）"卷展栏，具体参数如右图所示。

（1）"分布（聚光灯）"卷展栏

当使用聚光灯分布创建光度学灯光时，"修改"面板上将显示"分布（聚光灯）"卷展栏，该卷展栏中的参数控制聚光灯的聚光区或衰减区，其中"聚光区/光束"参数调整灯光圆锥体的角度，"衰减区/区域"参数调整灯光区域的角度。

（2）"分布（光度学Web）"卷展栏

该参数卷展栏用来选择光域网文件并调整Web的方向，可以通过单击"选择光度学文件"按钮，打开"打开光域Web文件"对话框来指定光域Web文件，该文件可采用IES、LTLI或CIBSE格式，一旦选择某个文件后，该按钮上会显示文件名，而不带具体的扩展名。

- **Web文件的缩略图：** 缩略图显示灯光分布图案的示意图，右图鲜红的轮廓表示光束，而在某些Web中，深红色的轮廓表示不太明亮的区域。
- **X轴旋转：** 沿着X轴旋转光域网，旋转中心是光域网的中心，范围为-180度至180度。
- **Y轴旋转：** 沿着Y轴旋转光域网，旋转中心是光域网的中心，范围为-180度至180度。
- **Z轴旋转：** 沿着Z轴旋转光域网，旋转中心是光域网的中心，范围为-180度至180度。

5.5 VRay灯光

VRay灯光是VRay渲染器自带的特定的光源系统,它是室内设计中最常用的灯光类型。VRay灯光的特点是效果逼真、参数简单,所以它比较常用。VRay灯光包含VRay灯光、VRay环境光、VRayIES和VRay太阳光4种,如右图所示。其中VRay灯光和VRay太阳光比较重要,也比较常用。

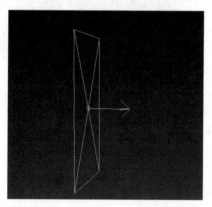

下面介绍4种灯光类型的含义。

- **VRay灯光:** 常用于模拟室内外灯光,该灯光光线比较柔和,是最常用的灯光之一。
- **VRay环境光:** 可以模拟环境灯光效果。
- **VRayIES:** 该灯光类似于目标灯光,都可以加载IES灯光,可产生射灯的效果。
- **VRay太阳光:** 用于模拟真实的太阳光。

5.5.1 VRay灯光(VRayLight)

VRay灯光是3ds Max最常用的、功能最强大的灯光之一,主要用来模拟室内光源,也可作为辅助光使用。VRay灯光包括平面、穹顶、球体、网格和圆盘5种类型,其中平面和球体是最常见的两类灯光。

平面灯光是将VRay灯光设置成平面形状,具有很强的方向性。常用来模拟较为柔和的光线效果,在室内效果图中应用较多,例如顶棚灯带、窗口光线等。

在视图中绘制平面灯光,如下左图所示。平面灯光的参数,如下右图所示。

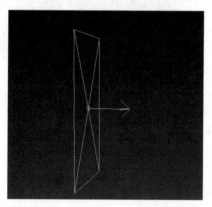
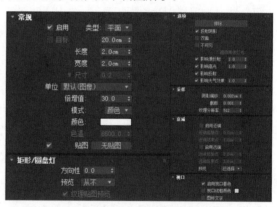

球体灯光是由一个圆形的灯光组成,由中心向四周均匀发散光线,并伴随着距离增大产生衰减效果。常用来模拟吊灯、壁灯和台灯等。

在视图中创建球体灯光如下左图所示。其参数如下右图所示。

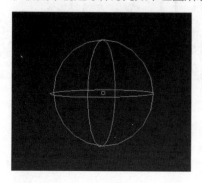
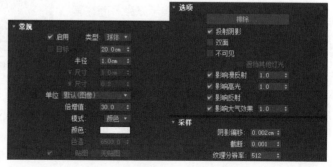

下面介绍VRay灯光相关参数的含义。

(1)"常规"卷展栏

- **类型**：指定VRay灯光的类型，包括平面、穹顶、球体、网格和圆盘5种类型。
- **目标**：设置灯光的目标距离数值。
- **长度/宽度**：设置平面灯灯光的长和宽。
- **半径**：设置球体灯光的半径。
- **倍增值**：设置灯光的强度，数值越大，灯光越亮。

(2)"选项"卷展栏

- **投射阴影**：控制是否对物体的光照产生阴影。
- **双面**：控制是否产生双面照射灯光的效果。
- **不可见**：控制是否可以渲染出灯光本身。下左图为取消勾选"不可见"复选框的效果，下右图为勾选"不可见"复选框的效果。

- **影响漫反射**：控制是否影响物体材质属性的漫反射。
- **影响高光**：控制是否影响物体材质属性的高光。
- **影响反射**：控制是否影响物体材质属性的反射。下左图为勾选该复选框的效果，下右图为取消勾选该复选框的效果。

提示：影响反射和不可见

　　当在场景中设置VRay灯光不可见时，为了使渲染的效果更真实，一般取消勾选"影响反射"复选框。

(3)"采样"卷展栏

- **阴影偏移**：控制物体与阴影的偏移距离。
- **截断**：控制灯光中止的数值。

5.5.2 VRay太阳光（VRaySun）

　　VRay太阳光主要用来模拟真实的室外太阳光，不仅可以模拟正午阳光，还可以模拟黄昏和夜晚的太阳光。VRay太阳光的参数如下左图所示。其光照原理如下右图所示。

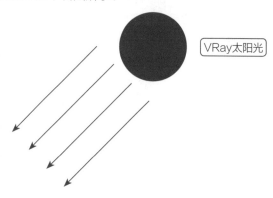

　　下面介绍各参数的含义。

- **启用**：控制是否开启太阳光。
- **强度倍增值**：控制太阳光的强度，值越大太阳光越强烈
- **尺寸倍增值**：控制阴影的柔和度，该值将对物体的阴影产生影响，值越小产生的阴影越锐利。
- **过滤颜色**：控制灯光的颜色。
- **颜色模式**：设置颜色的模式类型，包括过滤、直接指定和覆盖3种类型。
- **天空模型**：设置天空的类型，包括Preetham et al.、CIE晴天、CIE阴天、Hosek et al.和PRG晴天。
- **浑浊度**：控制空气的清洁度，数值越大，灯光效果越暖。
- **臭氧**：控制臭氧层的厚度，数值越大，颜色越浅。

　　调整VRay太阳光的角度，可以模拟正午、黄昏的阳光效果。当VRay太阳光位于物体的上方时模拟的是正午太阳的效果，位于物体的侧面离地面近时模拟的是黄昏的阳光效果。

　　当VRay太阳光与水平线夹角很大时，如下左图所示。渲染后会得到中午的阳光效果，光线很充足，阴影也很短，如下右图所示。

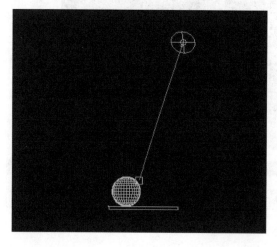

　　当VRay太阳光与水平线夹角很小时，如下页左图所示。渲染后会得到黄昏的阳光效果，光线不充足，阴影很长，整体偏暖色调，如下页右图所示。

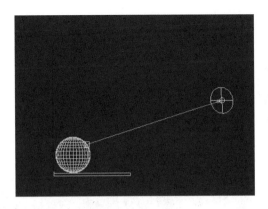

5.5.3　VRayIES

VRayIES是一种类似于目标灯光的灯光类型。选择了光域网文件（*.IES），在渲染过程中光源的照明就会按照选择的光域网文件中的信息来表现，就可以制作出普通照明无法做到的散射、多层反射等效果。

VRayIES的参数卷展栏如下图所示。

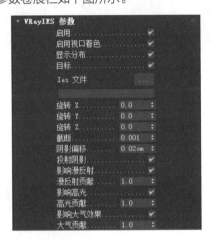

VRayIES的参数和VRay灯光、VRay太阳光类似，下面介绍VRayIES独有的参数的含义。

- **Ies文件**：单击右侧的按钮，在打开的"打开"对话框中加载IES文件。
- **使用灯光形状**：计算阴影时考虑到IES光指定的光的形状。
- **颜色模式**：该选项可以控制颜色的模式，包括"颜色"和"色温"。"颜色"决定了光的颜色，"色温"决定了光的颜色温度。

5.5.4　VRay环境光

VRay环境光主要用于模拟制作环境天光效果。其参数比较简单，如右图所示。下面介绍各参数的含义。

- **模式**：共包括3种模式，分别为"直接+GI""仅光照"和"GI"。
- **GI最小距离**：控制全局照明的最小距离。
- **颜色**：指定哪些射线是由该灯光影响。
- **强度**：设置灯光的强度。
- **灯光贴图**：用于设置灯光的贴图。
- **补偿曝光**：VRay环境光和VRay物理相机同时使用时，此功能生效。

实战练习 制作夜晚客厅灯光的效果 ●

本节学习VRay灯光的应用，下面将介绍使用VRay灯光制作窗口灯光、灯带和落地灯。其中窗口和灯带的灯光为平面灯，落地灯为球体。本实战制作的是夜晚的灯光效果，下面介绍具体操作方法。

步骤01 打开配套文件中"客厅.max"文件，进入创建好的摄影机视图，效果如下左图所示。

步骤02 在"创建"命令面板中单击"灯光"按钮，在类型列表中选择"VRay"选项。在"对象类型"卷展栏中单击"VRay环境光"按钮，在"顶"视口中绘制灯光，因为是在地平线下方，所以场景是黑色的，如下右图所示。

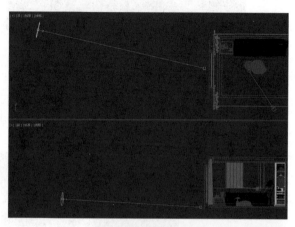

步骤03 在"灯光"区域中单击"VRay灯光"按钮，在"右"视口中创建和窗户等大的灯光区域，然后调整位置在窗户和外景中间的位置。在"常规"卷展栏中设置"倍增值"为10，颜色为深青色，如右图所示，在"选项"卷展栏中勾选"不可见"和"影响反射"复选框，如右图和下左图所示。

步骤04 在菜单栏中执行"渲染>渲染"命令或者按Shift+Q组合键进行渲染，此时在场景中只添加窗外平面光，制作出夜晚暗淡的月光效果，如下右图所示。

步骤05 接着制作沙发旁边的落地灯的效果，单击"VRay灯光"，在"常规"卷展栏中设置"类型"为"球体"、"半径"为100、"倍增值"为80、"颜色"为浅橙色，如下页左图所示。

步骤06 切换到摄影机视图，按Shift+Q组合键进行渲染，可见落地灯的灯光是暖色的，周围的模型也被照亮了，如下页右图所示。

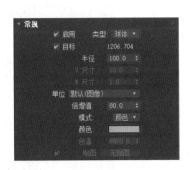

步骤 07 接着制作客厅的灯带，在"顶"视口中创建VRay平面灯，然后调整到灯带的位置。在"常规"选项卡中设置"倍增值"为30、"颜色"为白色，如下左图所示。

步骤 08 按Shift+Q组合键进行渲染，查看夜晚客厅的最终效果，如下右图所示。

提示：设置灯带

在设置灯带时，在"顶"视口中放置灯带处绘制平面灯光，然后在"前"视口调整灯带模型的高度，通过"选择并旋转"工具调整灯带灯光的方向，使其稍微向上倾斜。

5.6 环境

环境是指在3ds Max中应用于场景的背景设置、曝光控制设置、大气设置。它是场景中创建的辅助对象，不一定要在场景中出现，但是环境中背景贴图很重要，这是我们需要掌握的。

下左图是没有添加环境的效果，背景是黑色，不现实；下右图是添加环境的效果，很真实。由此可见环境对一幅作品的重要性。

在3ds Max 的菜单中执行"渲染>环境"命令或者按快捷键8，打开"环境和效果"对话框，在"环境"选项卡中可以添加贴图，或者设置颜色，如右图所示。

下面介绍各卷展栏中参数的含义。

- **颜色：**在"背景"区域中颜色默认黑色，表示环境的颜色。单击色块，在打开的"颜色选择器：背景色"对话框中设置颜色，下左图设置颜色为白色的效果，下右图设置颜色草绿色的效果。

- **环境贴图：**单击下方按钮，在打开的"材质/贴图浏览器"对话框中选择"位图"，单击"确定"按钮，在打开的"选择位置图像文件"对话框中选择合适的贴图即可完成环境贴图操作。

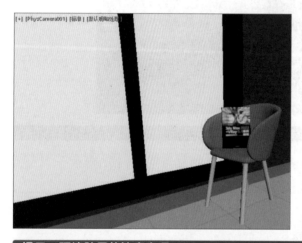

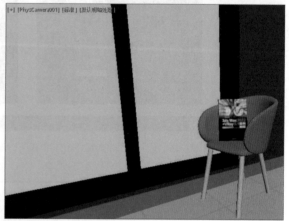

提示：环境贴图的注意事项

我们为场景添加外景时要注意以下两点内容。

第1点是贴图与视角是相符合的，例如视角是仰视的，可以添加一些仰视的贴图，不能添加水平的或者俯视的贴图。

第2点是贴图的亮度要符合逻辑，现实生活中白天时，外面的亮度要高于室内，夜晚户外的亮度会低于开灯的室内。

我们通过"环境和效果"对话框为场景添加外景贴图时，会发现贴图并不完整，或者不是我们想要的内容，此时可以使用"材质编辑器"进行调整。

在场景中添加"蓝天.jpg"的贴图，显示不完整，如下页左图所示。按M键打开"材质编辑器"窗口，将"环境和效果"对话框中贴图拖到空白材质球，弹出"实例（副本）贴图"对话框，保持"实例"为选中状态，单击"确定"按钮。在"坐标"卷展栏中设置"瓷砖"数值，再通过"偏移"设置图片的位置，如下页右图所示。

 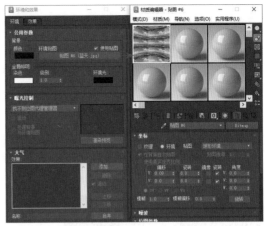

调整完成后，贴图在窗户中显示，渲染后查看效果，如下图所示。

在"大气"卷展栏中可以为大气环境添加自然界中雾、火、体积光等环境效果。使用这些效果可以非常逼真地模拟出自然界的各种气候，起到烘托场景气氛的作用。

单击"大气"卷展栏中"添加"按钮，在打开的"添加大气效果"对话框中选择大气效果，例如选择"雾"选项，单击"确定"按钮，如下左图所示。在下方的卷展栏中设置参数，渲染后窗外有一层白色的薄雾效果，如下右图所示。

知识延伸：通过模型添加背景贴图

在3ds Max中可以通过两种方法添加环境贴图，第1种通过"环境"功能添加贴图，第2种方法就是通过模型添加贴图。下面介绍第2种方法的具体操作。

步骤 01 打开"书房.max"文件，在"左"视口中创建平面模型，设置"长度"为933、"宽度"为1400，并移到窗户外面使其遮住窗户，如下左图所示。

步骤 02 按M键打开"材质编辑器"窗口，选择空白材质球，添加VRay灯光材质，接着添加贴图并设置参数，如下中、右图所示。

步骤 03 将材质添加到创建的平面上，切换至摄影机视角进行渲染，可见窗外漆黑并不显示贴图，这是因为平面背面不显示添加的贴图，如下左图所示。

步骤 04 选中平面并右击，选择"转换为>转换为可编辑多边形"命令，切换至"元素"层级，选择平面的背部所有面，单击"翻转"按钮，如下右图所示。

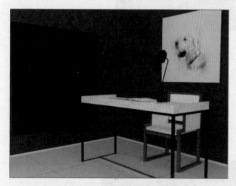
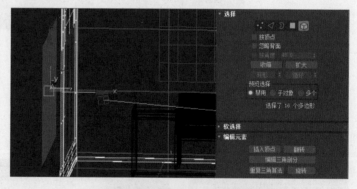

步骤 05 再次进行渲染，透过窗户看到平面上贴图了，如右图所示。

提示：平面模型大小的设置

在步骤1中设置平面的大小是根据需要添加贴图的大小决定的。选择贴图并右击，在快捷菜单中选择"属性"命令，在打开的"属性"对话框的"详细信息"选项卡中查看贴图的分辨率。

除了在3ds Max中添加贴图外，还可以在Photoshop中添加。在3ds Max中设置环境颜色为黑色或白色，再导出图片，在Photoshop中抠取窗户部分最后添加贴图即可。

上机实训：制作夜晚窗口一角的灯光效果

本章介绍3ds Max摄影机、灯光和环境，以及VRay摄影机和灯光的内容，下面通过制作夜晚窗口一角进一步巩固所学的内容。本案例首先添加摄影机，然后添加环境，显示窗外风景，最后添加各种灯光（包括室外和室内的）。下面介绍具体操作方法。

扫码看视频

步骤01 打开"窗口一角.max"文件，如下左图所示。

步骤02 在"透视"视口中调整画面，按Ctrl+C组合键即可创建物理投影机，然后在其他视口中调整摄影机的位置，效果如下右图所示。

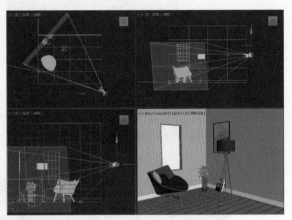

步骤03 在"创建"面板中单击"灯光"中的"VRay太阳光"按钮，在"顶"视口中创建太阳光，向下调整产生落日后的灯光效果，执行"渲染>渲染"命令，查看添加VRay太阳光的效果如下左图所示。

步骤04 在"左"视口中绘制平面模型，使其稍大于窗户的模型，在"前"视口中调整平面模型的位置使其在窗户的外侧，如下右图所示。

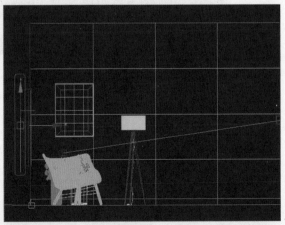

步骤05 按M键打开"材质编辑器"对话框，选择空白材质球，命名为"环境"，单击"物理材质"按钮，在打开的窗口中选择"VRay灯光材质"，在"参数"卷展栏中设置"颜色"右侧的值为0.2，单击贴图按钮，打开"材质/贴图浏览器"对话框，选择"位图"选项，单击"确定"按钮。在打开的"选择位图图像文件"对话框中选择"夜景.jpg"图像文件，在"坐标"卷展栏中设置贴图的"偏移"和"瓷砖"，最后将材质添加给创建的平面材质，如下页图所示。

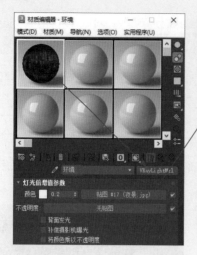

步骤 06 为平面模型添加贴图后，渲染查看效果，如下左图所示。

步骤 07 接下来为落地灯添加灯光效果，在"创建"面板的"灯光"区域单击"VRay灯光"按钮，在"常规"卷展栏中设置"类型"为"球体"，接着在"顶"视口的落地灯处绘制球体的灯光，并在"前"视口中调整高度，最后在"常规"卷展栏中设置"倍增"为20，"颜色"为浅黄色，在"选项"卷展栏中勾选"不可见"复选框，如下右图所示。

步骤 08 执行"渲染>渲染"命令查看添加落地灯后的效果，如下左图所示。

步骤 09 在"前"视口中添加"光度学"中的"目标灯光"，调整位置使其位于画的上方，如下左图所示。

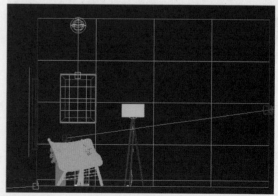

步骤10 在"常规参数"卷展栏中勾选"阴影"区域中的"启用"复选框，设置阴影为"VRay阴影"，"灯光分布（类型）"为"光度学Web"；在"分布（光度学Web）"卷展栏下方的通道中添加"6.ies"文件；在"强度/颜色/衰减"和"VRay阴影 参数"卷展栏中设置相关参数，如下图所示。

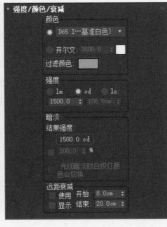

步骤11 设置完成后按Shift+Q组合键进行渲染，查看设置射灯的效果，如下左图所示。

步骤12 在场景模型侧面创建VRay平面灯光，作为辅助光，稍微提高阴影部分亮度，参数如下右图所示。

步骤13 按Shift+F9组合键进行渲染，夜晚窗口一角的最终效果如右图所示。

课后练习

一、选择题

（1）在当前视口中按下（　　）键，可以快速切换至摄影机视口。

　　A. G　　　　　　　　　　　　　　　　B. H

　　C. J　　　　　　　　　　　　　　　　D. C

（2）3ds Max的摄影机包括物理、目标和（　　）摄影机。

　　A. VRay　　　　　　　　　　　　　　B. 自由

　　C. 标准　　　　　　　　　　　　　　D. 以上都不是

（3）在场景中为圆形台灯创建VRay灯光时，在"常规"卷展栏中设置"类型"为（　　）。

　　A. 平面　　　　　　　　　　　　　　B. 圆盘

　　C. 球体　　　　　　　　　　　　　　D. 穹顶

（4）为了使场景更真实，可以通过（　　）对话框添加环境背景贴图。

　　A. 材质编辑器　　　　　　　　　　　B. 环境和效果

　　C. 环境　　　　　　　　　　　　　　D. 以上都可以

二、填空题

（1）在3ds Max中，当前视口处于透视图时，按下组合键＿＿＿＿＿＿可以基于当前透视创建出一个摄影机。

（2）在3ds Max中安装VRay插件后，VRay物理影像机＿＿＿＿＿＿参数用来设置摄影机的光圈大小，主要用来控制渲染图像的最终亮度。值越小，图像越亮；反之图像越暗。

（3）在3ds Max中，添加VRay太阳光与水平线夹角很大时，渲染后会得到＿＿＿＿＿＿的阳光效果，与水平线夹角很小时，会得到黄昏的阳光效果。

三、上机题

　　打开"客厅.max"文件，如下左图所示。利用本章所学的环境知识为场景添加背景贴图，在"大气"卷展栏中为蜡烛添加火焰的效果，为蜡烛再添加VRay灯光，渲染的最终效果如下右图所示。

第6章　渲染技术

本章概述

　　渲染可以将场景中的灯光、材质等效果直观地展现在渲染效果图上。掌握渲染技术可以得到质量较高的渲染效果，还可节省渲染的时间。本章主要介绍渲染的参数设置、3ds Max默认的渲染器和VRay渲染器等知识。

核心知识点

❶ 掌握"渲染设置"面板的设置
❷ 了解扫描线渲染器
❸ 掌握VRay渲染器的应用

6.1　什么是渲染器

　　渲染器是指从3D场景呈现为最终效果的工具，这个过程就是渲染。3ds Max视图中的效果并不是最终效果，只是模拟的效果，和渲染出来的效果相差很大。渲染之后的效果，包括添加灯光，以及灯光照射在模型上的反射等效果。

　　下左图是3ds Max中的视图的效果，下右图是使用渲染器渲染之后的效果。

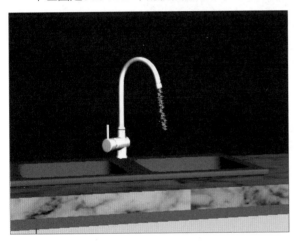
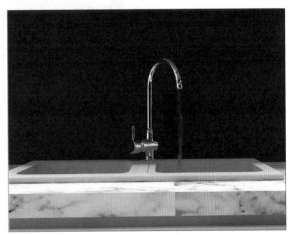

　　使用渲染器可以渲染出和现实差不多的效果，下左图是阳光充足的室内场景渲染的效果，下右图是黄昏时候的卧室渲染的效果。

6.2 3ds Max中渲染基础知识

使用3ds Max创作作品时，渲染是最后一道工序。渲染可以将颜色、阴影、大气等效果加入到场景中，完成渲染后可以将渲染结果保存为图像或动画文件。

6.2.1 渲染帧窗口

在3ds Max中进行渲染，可以通过"渲染帧窗口"来查看和编辑渲染结果，"渲染帧窗口"整合了相关的渲染设置。在菜单栏中执行"渲染>渲染帧窗口"命令，即可打开"渲染帧窗口"，显示渲染的效果，如下图所示。

下面介绍"渲染帧窗口"中相关功能的含义。

- **"渲染帧窗口"标题栏**：显示视口名称、帧编号、图像类型、颜色深度和图像纵横比等信息。
- **要渲染的区域**：该下拉列表提供可用的"要渲染的区域"选项，有"视图""选定""区域""裁剪""放大"5个选项，当选择"区域"选项时，可使用右侧的"编辑区域"按钮对渲染区域进行编辑调整大小操作，而"自动选定对象区域"按钮会将"区域""裁剪""放大"区域自动设置为当前选择。
- **保存图像**：单击该按钮，打开"保存图像"对话框，选择保存的路径，还可以设置保存的类型和名称等。
- **复制图像**：可将渲染图像复制到系统后台的剪切板中。
- **克隆渲染帧窗口**：将创建另一个包含显示图像的渲染帧窗口。
- **打印图像**：可调用系统打印机打印当前渲染图像。
- **清除**：可将渲染图像从渲染帧窗口中删除。

在渲染帧窗口中按住右键时，会显示渲染和光标位置的像素信息，如下图所示。

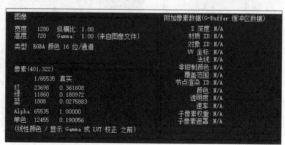

6.2.2 "渲染设置"面板

用户可以使用"渲染设置"面板，来对场景进行渲染设置，几乎所有的渲染设置命令都在该面板中完成。在菜单栏中执行"渲染>渲染设置"命令，或是直接按F10功能键，也可以单击主工具栏中的"渲染设置"按钮，都可以打开"渲染设置"面板。

（1）渲染器类型

所谓渲染就是使用所设置的灯光、所应用的材质及环境设置（如背景和大气）为场景中的几何体着色输出，而不同的渲染器有其特定的着色输出方式。每种渲染器都有各自的特点和优势，用户可以根据作图习惯或场景需要来选择适合的渲染器，具体的操作方法有以下2种：

第1种打开"渲染设置"面板，单击面板上部的"渲染器"下拉按钮，从列表中选择渲染器选项，如下左图所示。

第2种在"渲染设置"面板中切换至"公用"选项卡，接着单击"指定渲染器"卷展栏中"产品级"右侧的下拉按钮，在列表中选择指定的渲染器选项，如下右图所示。

在3ds Max中，除了系统自带的"ART渲染器""Quichsilver硬件渲染器""VUE文件渲染器"和默认的"扫描线渲染器"4种渲染器外，用户还可以安装一些插件渲染器，如VRay渲染器。

①扫描线渲染器

"扫描线渲染器"是3ds Max默认的渲染器，它是一种可以将场景从上到下生成的一系列扫描线的多功能渲染器，渲染速度快，但其效果真实度一般。其部分参数如下页左图所示。

使用3ds Max时，一般情况下不使用"扫描线渲染器"，因为该渲染器除了渲染质量不高外，参数设置也很复杂。我们经常使用插件渲染器，例如本书中介绍的VRay渲染器。

②ART渲染器

Autodesk Raytracer（ART）渲染器是一种仅使用CPU并且基于物理方式的快速渲染器，适用于建筑、产品和工业设计渲染与动画。ART渲染器是3ds Max 2018加入的自带渲染器，其优点是速度快、易上手，缺点是细节、光影不够细致。其部分参数如下页中图所示。

③Quicksilver硬件渲染器

"Quicksilver硬件渲染器"使用图形硬件生成渲染，它的默认设置可以提供快速的渲染。其参数如下页右图所示。

④VRay渲染器

VRay渲染器是由chaosgroup和asgvis公司出品的一款高质量渲染软件，是目前较受欢迎的渲染引擎，可提供高质量的图片和动画渲染效果。VRay渲染器最大特点是能较好地平衡渲染品质与计算速度之间的关系，它提供了多种GI方式，这样在选择渲染方案时就可以比较灵活，如既可以选择快速高效的渲染方案，也可以选择高品质的渲染方案。设置渲染器为"V-Ray 6 Update 1.1"时，其参数如下图所示。

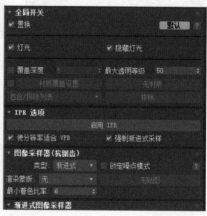

本书设置的"V-Ray 6 Update 1.1"渲染器是Vray6版本的。在"渲染器"列表中除了这个VRay渲染器外，还有"V-Ray GPU 6 Update 1.1"渲染器。那么这两个VRay渲染器有什么区别呢？

V-Ray 6 Update 1.1渲染器是基于CPU和内存计算的渲染器，其优点是渲染稳定，缺点是必须单击"渲染"按钮才能显示效果。这也是我们工作中常用的渲染器。

V-Ray GPU 6 Update 1.1渲染器是基于GPU（显卡）计算的渲染器，是一种新的渲染器。其优点是可以即时渲染，缺点是对硬件要求高。

（2）渲染器公用设置

用户无论选择何种渲染器，其公用渲染设置都包含在"公用"选项卡中。"公用"选项卡中除了允许用户进行渲染器选择外，其中的所有参数都应用于任何所选渲染器，包括"公用参数""电子邮件通知""脚本"和"指定渲染器"卷展栏，如右图所示。

① "公用参数"卷展栏

该卷展栏用来设置所有渲染器的公用参数，这些参数是对渲染出的图像的基本信息设置，主要包括以下参数：

- **时间输出**：选择要渲染的帧，既可以渲染出单个帧，也可以渲染出多帧，还可以是全部活动时间段或一序列帧，如下左图所示。当选择"活动时间段"或"范围"单选按钮时，可设置每隔多少帧进行渲染一次，即设置"每N帧"的值。
- **要渲染的区域**：选择要渲染的区域，该参数也可以在"渲染帧窗口"中进行设置。
- **输出大小**：选择一个预定义的大小或在"宽度"和"高度"字段（像素为单位）中输入的相应值，这些参数将影响图像的分辨率和纵横比，如下右图所示。其中，若从"自定义"列表中选择输出格式，那么"图像纵横比"以及"宽度"和"高度"的值可能会发生变化。

- **选项**：可以控制场景中的具体元素是否参与渲染，如下左图所示。勾选"大气"和"效果"复选框表示将渲染所有应用的大气和效果。"置换"表示将渲染所有应用的置换贴图。"渲染为场"表示为视频创建动画时，将视频渲染为场。"渲染隐藏几何体"表示渲染包括场景中隐藏的几何体在内的所有对象。
- **渲染输出**：用于预设渲染输出，如下右图所示。如果用户在"时间输出"组中选择不是"单帧"单选按钮时，若不进行图像文件的保存设置，系统将会弹出"警告：没有保存文件"对话框，用以提醒用户要在"渲染输出"组中的相关参数进行保存设置。而"跳过现有图像"复选框是在启用"保存文件"后，渲染器将跳过序列帧中已经渲染保存到磁盘中的图像帧，而去渲染其他帧。

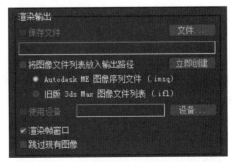

- **高级照明**：勾选"使用高级照明"复选框后，3ds Max将在渲染过程中提供光能传递解决方案或光跟踪。而勾选"需要时计算高级照明"复选框，则在当需要逐帧处理时，计算光能传递。

- **位图性能和内存选项**：显示3ds Max是使用完全分辨率贴图还是位图代理进行渲染，要更改设置，可单击"设置"按钮在打开的对话框中进行设置。

②"电子邮件通知"卷展览

使用该卷展栏可使渲染作业发送电子邮件通知，像网络渲染那样。如果启动冗长的渲染（如动画），并且不需要在系统上花费所有时间，这种通知是非常有用的。

③"脚本"卷展栏

使用该卷展栏可以指定在渲染之前和之后要运行的脚本，每个脚本在当前场景的整个渲染作业开始或结束时执行一次，这些脚本不会逐帧运行。

④"指定渲染器"卷展栏

该卷展栏显示指定"产品级"和"ActiveShade"类别的渲染器，也可以设置"材质编辑器"的渲染器，单击"锁定到当前渲染器"按钮，激活"材质编辑器"，然后选择渲染器。

6.3 VRay渲染器

VRay渲染器的功能非常强大，只有安装VRay之后很多功能才能使用。VRay渲染器可以真实地模拟现实光照，并且操作简单，可控性也很强，非常适合制作效果图。

6.3.1 "V-Ray"选项卡

在"渲染设置"面板中设置VRay渲染器后，在其下方的"V-Ray"选项卡中包含9个卷展栏，如右图所示。

（1）帧缓存

该卷展栏下的参数可以代替3ds Max自身的帧缓冲区窗口。这里还可以设置渲染图像的大小和保存渲染图像等。该卷展栏参数如下页左图所示。

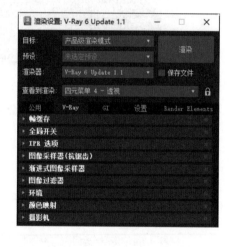

下面介绍该卷展栏中相关参数的含义。

- **启用内置帧缓存**：当勾选该复选框时，用户就可以使用VRay自身的渲染窗口。为了避免内存资源的浪费，还需要在"公用"选项卡中取消勾选"渲染帧窗口"复选框，如下页右图所示。
- **内存帧缓存区**：勾选该复选框时，可以将图像渲染到内存中，然后再由帧缓冲区窗口显示出来，这样可以方便用户观察渲染的过程。
- **从MAX获取分辩率**：当勾选该复选框时，将从"公用"选项卡的"输出大小"选项组中获取渲染的尺寸；若取消勾选该复选框，将从VRay渲染器的"输出分辨率"选项组中获取渲染尺寸。
- **V-Ray原始图像文件**：控制是否将渲染后的文件保存到所指定的路径中。勾选该复选框后，渲染的图像将以raw格式保存。
- **多个渲染通道**：控制是否多个保存渲染通道。
- **保存RGB/保存alpha**：控制是否保存RGB色彩/alpha通道。
- **■图标**：单击该图标，设置保存RGB和alpha文件的路径。

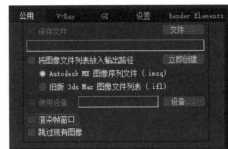

（2）全局开关

该卷展栏中的参数控制渲染器对场景中灯光、阴影、材质和反射折射等各方面设置如何渲染。该卷展栏有两种工作模式，即"默认"模式和"高级"模式，其中"高级"模式中的参数最为详细，所有参数都可见。"高级"模式卷展栏如右图所示。

下面介绍"高级"模式的"全局开关"卷展栏中各参数的含义。

- **置换：** 启用或禁用VRay的置换贴图，对标准3ds Max位移贴图没有影响。
- **灯光：** 控制是否开启场景中的灯光照明效果，勾选此复选框后，场景中的灯光将不起作用。
- **隐藏灯光：** 控制渲染时是否渲染被隐藏操作的灯光，即控制隐藏的灯光是否产生照明效果。
- **阴影：** 控制渲染时场景对象是否产生阴影。
- **默认灯光：** 控制场景中默认灯光在何种情况下处于开启或关闭状态，一般保持默认设置。
- **不渲染最终图像：** 勾选此复选框后将不渲染最终图像，常用于渲染光子图。
- **反射/折射：** 控制场景中的材质是否开启反射或折射效果。
- **覆盖深度：** 勾选此复选框后，用户可以在其后的数值框中输入数值，来自定义指定场景中对象反射、折射的最大深度。若取消勾选此复选框，反射、折射的最大深度为系统默认设值5。
- **光泽度效果：** 控制是否开启反射/折射的模糊效果。
- **贴图：** 控制场景中对象的贴图纹理是否能够渲染出来。
- **过滤贴图：** 控制渲染时是否过滤贴图，勾选时使用"图像过滤器"卷展栏中的设置来过滤贴图，取消勾选该复选框时，以原始图像进行渲染。
- **GI过滤器：** 控制是否在全局照明中过滤贴图。
- **最大透明等级：** 控制透明材质对象被光线追踪的最大深度，值越高，效果越好，渲染速度也越慢。
- **透明截断值：** 控制VRay渲染器对透明材质的追踪中止值，如果光线的累计透明度低于此阈值，则不会进行进一步的跟踪。
- **材质覆盖设置：** 控制是否为场景赋予一个全局替代材质，启用该功能后，单击其后的"无材质"按钮进行材质设置，该功能在渲染测试灯光照明角度时非常有用。其下的"包含/排除列表"等设置用于覆盖材质所用于的对象范围，可以以图层或对象ID号来选择范围。
- **最大射线强度：** 控制最大光线的强度。

- **二次光线偏移：**控制场景中重叠面对象间渲染时产生黑斑的纠正错误值。
- **3ds Max光度比例：**优先采用VRay灯光，VRay太阳光，VRay物理相机等VRay渲染器自带的灯光/天空/摄影机等，并3ds Max采用光度学比例单位，与"传统阳光/天空/摄影机模式"相对。

（3）图像采样器（抗锯齿）

用VRay渲染器渲染图像，以指定的分辨率来决定每个像素的颜色从而生成图像。而逐像素来表现场景对象表面的材质纹理或灯光效果时会出现一个像素到下个像素间颜色突然变化的情况，即会产生锯齿状边缘，从而使图像效果不理想。

VRay渲染器主要提供两种图像采样器来采样像素的颜色和生成渲染图像，即"小块式"和"渐进式"，如下左和下右图所示。用这两种颜色采样算法来确定每个像素的最佳颜色，避免生成锯齿。而这两种图像采样器会极大地影响渲染质量和渲染速度间的平衡关系。

通过"小块式"方式渲染时，我们可以很明显地看到画面上有一个个小格子在计算渲染，如下左图所示。渲染时画面上显示小格子的数量取决于计算CPU的线程数。"渐进式"渲染时，画面是由粗糙变精细，这是按照像素点进行渲染的，如下右图所示。

"小块式"和"渐进式"两种图像采样类型，将对应V-Ray面板中的"小块式图像采样器"和"渐进式图像采样器"卷展栏，这两个卷展栏接下来将会介绍。

（4）小块式/渐进式图像采样器

图像采样器卷展栏包括"小块式图像采样器"和"渐进式图像采样器"两种卷展栏，它们与"图像采样（抗锯齿）"卷展栏中的"类型"相对应的。小块式/渐进式图像采样器两种卷展栏如下左和下右图所示。

下面介绍卷展栏中各参数的含义。

- **最小细分：**设置每个像素所取样本的初始（最小）个数，一般都设置为1。
- **最大细分：**设置像素的最大样本数，采样器的实际数量是该细分值的平方值，如果相邻像素的亮度差异足够小，V-Ray渲染器可能达不到采样的最大数量。
- **噪点阈值：**用于确定像素是否需要更多样本的阈值。

● **最大渲染时间（分钟）**：设置最大的渲染时间，当达到这个分钟数时，渲染器将停止。

（5）图像过滤器

图像采样器可以确定像素采样的整体方法，以生成每个像素的颜色，而图像过滤器可以锐化或模糊相邻像素颜色之间的变化，两者常结合使用。勾选"图像过滤器"复选框，视为开启图像过滤器功能，如右图所示。

在"过滤器类型"下拉列表中选择不同过滤器类型。静帧效果图表现时，多采用可以将这些细节更加明显和突出的过滤器，如Catmull-Rom，如下左图所示。而动画序列的渲染中，多选择一些在播放过程中，可以模糊像素来减少杂色或详细的纹理闪烁的图像过滤器，如Mitchell-Netravali。"区域"是用区域大小来计算抗锯齿，效果最差，但速度快，一般在测试渲染中使用，如下右图所示。

（6）环境

该卷展栏可以给环境背景、反射/折射等指定颜色或贴图纹理。如果不指定颜色或贴图，默认情况下将使用"环境和效果"面板中指定的背景颜色和贴图。"环境"卷展栏如右图所示。

下面介绍"环境"卷展栏中各参数的含义。

● **GI环境**：控制是否开启VRay的天光。勾选该复选框后，3ds Max默认的天光效果将不起光照作用。

● **反射/折射环境**：勾选该复选框，当前场景中的反射环境将由它控制。

● **折射环境**：勾选该复选框，当前场景中的折射互不干涉将由它控制。

● **次级遮罩环境**：将指定的颜色和纹理用于反射/折射中可见的遮罩物体。

● **颜色**：用于设置各部分的颜色。

● **色值的倍增值**：用于设置各部分的亮度，值越高，亮度越高。

（7）颜色映射

"颜色映射"卷展栏中的参数用来控制整个场景的颜色和曝光方式。"颜色映射"卷展栏包括"默认"和"高级"两种模式，其中"高级"模式如右图所示。

下面以"高级"模式为例介绍各参数的含义。

● **类型**：提供不同的曝光模式，包括"线性倍增""指数"

"HSV指数""强度指数""Gamma校正""Gamma值强度"和"Reinhard"7种模式。

- **线性倍增**：基于最终色彩亮度来进行线性的倍增，可能导致靠近光源的点过分明亮。"暗部倍增值"是对暗部的亮度进行控制，值越大可提高暗部的亮度。"亮部倍增值"是对亮部的亮度进行控制，值越大可提高亮部的亮度。"Gamma"用于控制图像的伽玛值。下左图是"Gamma""暗部倍增值"和"亮部倍增值"均为1时，渲染的效果。

- **指数**：采用指数模式，可以降低近光源处表面的曝光效果，同时场景颜色的饱和度会降低。"指数"模式的参数与"线性倍增"模式相同。

- **HSV指数**：与"指数"模式相似，不同点在于可以保持场景物体的颜色饱和度，但是这种方式会取消高光的计算。"HSV指数"模式的参数和"线性倍增"模式相同。

- **强度指数**：这种方式是对"指数"和"HSV指数"曝光的结合，抑制光源附近的曝光效果，又保持了场景物体的颜色饱和度。"强度指数"模式的参数和"线性倍增"模式相同。

- **Gamma校正**：采用伽玛来修正场景中的灯光衰减和贴图色彩，其效果和"线性倍增"模式类似。"倍增值"用来控制图像的整体亮度倍增。"Gamma值倒数"是VRay内部转化的。

- **Gamma值强度**：该曝光模式不仅拥有"Gamma校正"的优点，同时还可以修正场景灯光的亮度。"Gamma值强度"模式的参数和"Gamma校正"模式相同。

- **Reinhard**：该曝光方式可以把"线性倍增"和"指数"曝光混合起来。"混合值"为0表示"线性倍增"不参与混合；1表示"指数"不参加混合；0.5表示"线性倍增"和"指数"曝光效果各占一半。下右图"Gamma"值为1，"混合值"为0.5时渲染的效果。

- **子像素映射**：在实际渲染时，物体的高光区与非高光区的界限处会有明显的黑边，勾选该复选框，就可以缓解这种现象。

- **影响背景**：控制是否让曝光模式影响背景，取消勾选该复选框，背景不受曝光模式的影响。

6.3.2 "GI"选项卡

GI（即间接照明）选项卡中的参数用于控制场景的全局照明，在3ds Max中光线的照明效果分为直接照明（直接照射到物体上的光）和间接照明（照射到物体上反弹的光），在VRay渲染器中GI被理解为间接照明。因该选项卡中"全局照明"卷展栏中的"首次引擎"和"次级引擎"下拉列表中都有多个选项，选择不同的选项时"GI"选项卡会对应出现数量或顺序不同的卷展栏。设置"首次引擎"为"发光贴图"、"次级引擎"为"灯光缓存"，卷展栏如右图所示。

（1）全局照明

在使用VRay渲染器进行渲染图像时，用户应该首先确认勾选"启用GI"复选框开启间接照明开关，光线计算才能较为准确，从而能够模拟出较为真实的三维效果。其卷展栏包括"默认"和"高级"两种模式，右图为"高级"模式。

下面介绍"高级"模式"全局照明"卷展栏中各参数的含义。

- **首次引擎/次级引擎**：VRay渲染器计算光线传递的方法，"首次引擎"包括"发光贴图""Brute force"和"灯光缓存"选项，而"次级引擎"包括"无""Brute force"和"灯光缓存"选项。
- **折射/反射GI焦散**：控制是否开启折射或反射焦散效果。
- **饱和度**：控制色溢情况，降低该值即可降低色溢效果。
- **对比度**：设置色彩的对比度。
- **基础对比度**：控制饱和度和对比度的基数。
- **环境光遮蔽**：勾选该复选框，即可控制渲染效果的环境阻光AO情况。

> **提示：首次引擎和次级引擎的区别**
>
> 在现实环境中，光线的反弹是一次比一次弱的。VRay渲染器中的全局照明包括"首次引擎"和"次级引擎"，并不是说光线只反射两次。"首次引擎"可以理解为直接照明的反弹，例如光线照射到A物体后反射到B物体，B物体接受的光就是首次反弹。B物体再次光线反射到C物体，C物体再反射到D物体……C物体以后的物体所得到的光的反射就是二次反弹。

（2）发光贴图

"发光贴图"卷展栏中发光描述了三维空间中的任意一点以及全部可能照射到这点的光线。发光贴图是VRay渲染器模拟光线反弹的一种常用方法，只存在于"首次引擎"中。其卷展栏包括"默认"和"高级"两种模式，右图为"高级"模式。

下面介绍"发光贴图"卷展栏中各参数的含义。

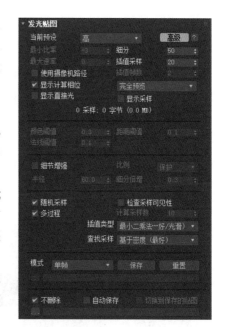

- **当前预设**：用于设置发光贴图的预设类型，共包括8种类型。"自定义"模式可以手动调节参数；"非常低"这是一种非常低的精度模式，用于预览、展示场景大致照明效果；"低"是一种比较低的精度模式，不适合用于保存光子贴图；"中"是中级品质的预设模式，适用于大部分没有精细细节的场景；"中-动画"用于渲染动画效果，可以解决动画闪烁的问题；"高"一种高精度模式，适用于大多数场景；"高-动画"比中等品质效果更好的一种动画渲染预设模式；"非常高"是预设模式中精度最高的一种，适用于极度精细和复杂的场景。
- **最小比率**：控制场景中较平坦区域的光线采样数量。
- **最大速率**：控制场景中复杂细节较多区域的光线采样数量。最小比率和最大速率的数值组合决定"发光贴图"渲染的次数。渲染的次数越多，光子计算越精确，质量也越好，但是时间消耗比较长。
- **细分**：该值越高，品质越好，相对的渲染速度也就越慢。

- **插值采样**：该值控制采样的模糊处理情况，值越大越模糊，值越小越锐利。
- **插值帧数**：对样本进行模糊处理，较大的值可以得到比较模糊的效果，较小的值可以得到比较锐利的效果。
- **显示计算相位**：勾选该复选框，用户可以看到渲染帧的GI预计算过程，同时会占用一定的内存资源。
- **显示采样**：显示采样的分布和分布的密度。
- **颜色阈值**：让渲染器分辨哪些是平坦区域，哪些是不平坦区域，是按照颜色的灰度来区分的。
- **法线阈值**：让渲染器分辨哪些是交叉区域，哪些不是交叉区域，按照法线的方向来区分的。
- **距离阈值**：让渲染器分辨哪些是弯曲表面区域，哪些不是弯曲表面区域，是按照表面距离和表面弧度来区分的。
- **细节增强**：控制是否开启细部增强功能。
- **比例**：细分半径的单位依据，包括"保护"和"世界"两个选项。
- **半径**：表示细节部分有多大区域使用"细节增强"功能。值越大，使用细部增强功能的区域也就越大，同时渲染时间也越慢。
- **细分倍增**：控制细部的细分，值越低，细部就会产生杂点，同时渲染速度会变慢。
- **随机采样**：勾选该复选框，那么样本将随机分配，取消勾选该复选框，那样本将以网格方式来进行排列。
- **检查采样可见性**：当灯光通过比较薄的物体时，很有可能会产生漏光现象，勾选该复选框后，可以解决这个问题，但是渲染时间会长一些。
- **模式**：在其列表中共包含"单帧""多帧增量""从文件""添加到当前贴图""增量添加到当前贴图""块模式""动画（预通过）"和"动画（渲染）"8种模式。
- **不删除**：当光子渲染完成后，不把光子从内存中删除。
- **自动保存**：当光子渲染完成后，自动保存在硬盘中。

（3）灯光缓存

灯光缓存一般用于二次反弹，计算方法是引擎追踪摄影机中可见的场景，对可见部分进行光线反弹。"灯光缓存"卷展栏如右图所示。

下面介绍"灯光缓存"卷展栏中各参数的含义。

- **细分**：设置灯光缓存的样本数，值越高，效果越好，但速度越慢。下左图是"细分"为200的效果，下右图是"细分"为1200的效果。

- **样本尺寸**：控制灯光缓存的样本大小，值越小，细节越多。
- **存储直接光照**：在预计算的时候存储直接光，以方便用户观察光照的位置。

（4）焦散

焦散是一种特殊的物理现象，在VRay渲染器的"焦散"卷展栏中，可以进行焦散效果的设置。该卷展栏包括"默认"和"高级"两种模式，右图为"高级"模式的"集散"卷展栏。

下面介绍"集散"卷展栏中各参数的含义。

- **焦散**：勾选该复选框后，可渲染焦散效果。
- **搜索范围**：光子追踪撞击周围物体或其他光子的距离。
- **最大光子数**：确定单位区域内最大光子数量。
- **最大密度**：控制光子的最大密度。

实战练习 设置测试渲染的参数

当我们预览场景中各材质、灯光的效果时，可以先进行渲染测试。因为渲染测试不需要很好的图像质量，只需要观察图像的大致效果，所以要求是渲染速度快。下面介绍具体操作方法。

步骤01 打开实例文件中"浴室.max"文件，场景模型都赋予材质并且添加VRay平面灯光和摄影机，如下左图所示。

步骤02 在菜单栏中执行"渲染>渲染设置"命令或者按F10功能键，打开"渲染设置"面板，渲染器为默认设置的VRay渲染器，在"V-Ray"选项卡的"图像采样器（抗锯齿）"卷展栏中设置"类型"为"小块式"，在"小块式图像采样器"卷展栏中设置"最小细分"为1、"最大细分"为4，如下右图所示。

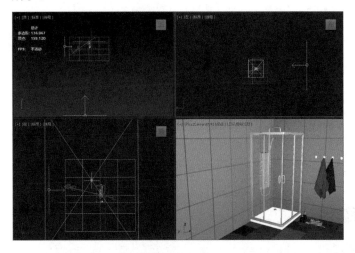

步骤03 在"图像过滤器"卷展栏中设置"过滤器"为"区域"，如下左图所示。

步骤04 展开"颜色映射"卷展栏，设置"类型"为"Reinhard"、"混合值"为0.6，如下右图所示。

步骤 05 切换至"GI"选项卡，在"全局照明"卷展栏中设置"首次引擎"为"发光贴图"，"次级引擎"为"灯光缓存"，如下左图所示。

步骤 06 展开"发光贴图"卷展栏，设置"当前预设"为"低"，展开"灯光缓存"卷展栏，设置"细分"为600，如下右图所示。

步骤 07 至此测试的渲染参数设置完成，单击"渲染设置"对话框中"渲染"按钮，或者在菜单栏中执行"渲染>渲染"命令，可见渲染的速度很快，效果如右图所示。

 知识延伸：区域渲染和单独渲染对象

如果只想查看某区域的渲染效果，或者只想查看某对象的渲染效果，要是全部渲染会消耗很多时间，此时我们可以采用区域渲染或单独渲染对象的方法。

（1）区域渲染

区域渲染是在"V-Ray帧缓存区"中框选需要重新渲染的区域，单独进行渲染，可以节省渲染的时间。例如渲染"浴室.max"文件时，如果只想查看挂着的浴巾模型的材质时，在"V-Ray帧缓存区"中单击"区域渲染"按钮，然后在视图中框选浴巾模型，如下左图所示。然后按F9功能键，此时只渲染框选的部分，速度很快，效果如下右图所示。

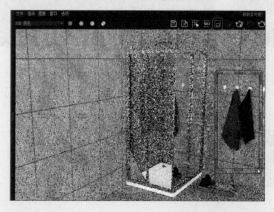 

（2）单独渲染对象

最终渲染后，需要更改其中某些物体的材质和亮度时，设置"VRay属性"为物体单独渲染，最后在后期处理软件中合成即可，这样可以避免重新调整场景时需再次渲染的问题。

例如需要对场景中热水器模型和浴巾模型进行单独渲染。按Ctrl键选择模型并右击，在快捷菜单中选择"V-R属性"命令，打开"V-Ray对象属性｜高傲"对话框，在"场景对象"区域中为选中的模型，设置"无光泽属性"区域中"Alpha值"为-1，单击"关闭"按钮，如下左图所示。

然后单击"渲染"按钮，在"V-Ray帧缓存区"中单击"切换到Alpha通道"按钮，则Alpha通道效果如下右图所示。

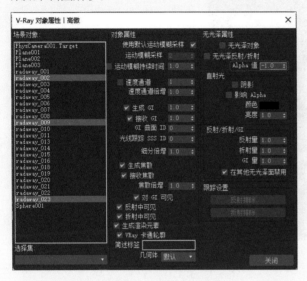

"Alpha值"为1时，表示对象没有Alpha通道；值为-1时，表示该对象有Alpha通道。在渲染时，选中的模型为黑色，背景是白色。

上机实训：高精度渲染夜晚窗口一角

场景中模型、材质、灯光等都制作完成后，通过渲染测试都没问题，可以设置高精度渲染，使场景中的细节更丰富。设置高精度渲染后其渲染的速度很慢，但渲染的质量会很高，下面介绍具体操作方法。

扫码看视频

步骤 01 打开实例文件中"夜晚窗口一角.max"文件，其中包括模型、材质、灯光，如下图所示。

步骤 02 在菜单栏中执行"渲染>渲染设置"命令或者按F10功能键，打开"渲染设置"面板，渲染器为默认的VRay渲染器，在"公用"选项卡的"公用参数"卷展栏中设置输出大小为3840×2160，同时取消勾选下方"渲染帧窗口"复选框，如下左图所示。

步骤 03 切换至"V-Ray"选项卡，在"帧缓存"卷展栏中勾选"启用内置帧缓存"复选框，在"全局开关"卷展栏中切换为"高级"模式，设置类型为"全部灯光评估"，如下中图所示。

步骤 04 展开"图像采样器（抗锯齿）"卷展栏，设置"类型"为"小块式"，在"图像过滤器"卷展栏中设置"过滤器类型"为Mitchell-Netravali，在"颜色映射"卷展栏中设置"类型"为"指数"，如下右图所示。

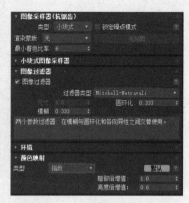

步骤 05 切换至"GI"选项卡，在"全局照明"卷展栏中设置"首次引擎"为"发光贴图"，"次级引擎"为"灯光缓存"，如下左图所示。

步骤 06 展开"发光贴图"卷展栏，设置"当前预设"为"高"，勾选"显示计算相位"和"显示直接光"复选框，如下中图所示。

步骤 07 展开"灯光缓存"卷展栏，设置"细分"为2000，勾选"显示计算阶段"复选框，如下右图所示。

步骤 08 至此渲染参数设置完成，单击主工具栏中"渲染产品"按钮，或者在菜单栏中执行"渲染>渲染"命令。可见渲染的速度很慢，渲染的作品非常清晰，效果如右图所示。

课后练习

一、选择题

（1）在3ds Max中如果需要快速打开"渲染设置"面板，用户可以按下（　　）键。

　　A. F9　　　　　　　　B. F10　　　　　　　　C. F5　　　　　　　　D. 以上都可以

（2）使用VRay渲染器进行场景渲染时，大部分的参数在（　　）选项卡进行设置。

　　A. "GI"　　　　　　　B. "设置"　　　　　　C. "V-Ray"　　　　　D. "公用"

（3）在"渲染设置"面板中设置渲染器为VRay渲染器时，在"帧缓存区 | 高傲"卷展栏中勾选"启用内置帧缓存区"复选框后，为了节省资源，取消勾选（　　）复选框。

　　A. 渲染帧窗口　　　B. 内存缓存区　　　C. 阴影　　　　　　D. 图像过滤器

（4）在"颜色映射"卷展栏中设置"类型"为"线性倍增"，（　　）值越大可提高亮部的亮度。

　　A. 暗部倍增　　　　B. 混合值　　　　　C. 亮部倍增　　　　D. 强度指数

二、填空题

（1）VRay渲染器主要提供两种图像采样器来采样像素的颜色和生成渲染图像，即＿＿＿＿＿和＿＿＿＿＿。

（2）在"图像过滤器"卷展栏设置"过滤器类型"为＿＿＿＿＿时，是根据区域大小来计算抗锯齿的区域。

（3）在VRay渲染设置的"GI"选项卡中，"首次引擎"的类型有＿＿＿＿＿、＿＿＿＿＿、＿＿＿＿＿3种。

三、上机题

　　本章学习了3ds Max中的渲染，主要是VRay渲染器。接下来通过提供的"上机题-沙发.max"文件，使用VRay渲染器对场景进行渲染。首先在"渲染设置"面板中设置渲染器，在"公用"选项卡中设置输出尺寸，然后在"V-Ray"选项卡中设置相关参数，最后在"GI"选项卡中设置全局照明相关参数，如下左图所示。渲染后效果如下右图所示。

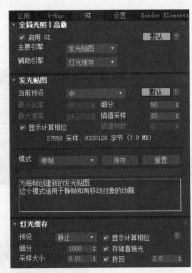

第7章 动画技术

本章概述

　　动画技术是3ds Max的重要技术之一。在3ds Max应用的各种行业中，几乎都会为场景制作各种动画。本章将主要介绍3ds Max的关键帧动画、约束动画和变形动画等。

核心知识点

❶ 熟悉动画制作工具

❷ 熟悉约束动画

❸ 掌握变形器动画

❹ 了解骨骼动画

7.1 动画制作工具

　　在学习制作3ds Max动画之前，我们来认识一下动画制作的工具。动画制作的工具主要包括关键帧、播放控制器、时间配置和曲线编辑器等。

7.1.1 关键帧

　　3ds Max界面的右下角是一些设置动画关键帧的相关工具，如下图所示。

　　下面介绍各工具按钮的含义。

● **自动关键点** 自动关键点：比较常用的工具，单击该按钮或者按N键，系统会自动记录关键帧，此时时间线上会呈现红色，如下左图所示。该状态下，选中物体的模型、材质、灯光等并进行设置，都会被设置为动画。

● **设置关键点** 设置关键点：单击该按钮，用户可以手动添加关键点。

● **选定对象** 选定对象：使用"设置关键点"动画模式时，在这里可以快速访问命名选择集和轨迹集。

● **关键点过滤器** 关键点过滤器：单击该按钮，打开"设置关键点过滤器"对话框，我们可以设置为哪些属性添加关键帧，勾选对应的复选框即可，如下右图所示。

7.1.2 播放控制器

　　在关键帧工具的左侧是一些控制动画播放的相关工具，如右图所示。

　　下面介绍播放控制器各工具的含义。

● **转至开头** ⏮：如果当前滑块没有定位在第0帧的位置，单击该按钮即可跳转到第0帧。

- **上一帧▣:** 单击该按钮可以跳转到当前帧的前一帧。
- **播放动画▶:** 单击该按钮,可以播放整个场景中所有动画。
- **播放选定对象▣:** 单击该按钮,可播放选定对象的动画,未选定的对象将静止不动。
- **关键点模式切换▣:** 单击该按钮可以切换至关键点设置模式。
- **时间跳转输入框:** 在输入框中输入数字可以跳转到时间线滑块,例如输入50,按Enter键,即可跳转到第50帧。
- **时间配置▣:** 单击该按钮,打开"时间配置"对话框,对话框中相关参数将在下一节介绍。

7.1.3　时间配置

我们可以通过"时间配置"对话框设置动画播放的帧速率、时间显示方式、播放速度和时间长短等。单击播放控制区域的"时间配置"按钮,打开"时间配置"对话框,如右图所示。

下面介绍"时间配置"对话框中各参数的含义。

- **帧速率:** 包括NTSC、PAL、电影和自定义,其中NTSC制式的帧率是每秒30帧,PAL制式的帧率是每秒25帧,电影是每秒24帧。我们一般使用PAL制式。
- **FPS:** 采用每秒帧数来设置动画的帧速率。
- **"时间显示"选项组:** 指定在时间线滑块及整个3ds Max中显示时间的方法。
- **实时:** 默认为勾选状态,使视图中播放的动画与当前帧速率保持一致。
- **仅活动视口:** 使播放操作只在活动的视口中进行。
- **循环:** 用于控制动画只播放一次或循环播放。
- **速度:** 在右侧选择动画的预览速度。
- **方向:** 用于选择动画的播放方向。
- **开始时间/结束时间:** 默认的时间线长度为0帧到100帧,如果改变时间线的长度,就需要设置开始时间和结束时间。例如设置"开始时间"为0、"结束时间"为150,则时间线显示为0帧到150帧,如下图所示。

- **长度:** 设置显示时间段的帧数。
- **重缩放时间:** 拉伸或收缩活动时间段内的动画,以匹配指定的新时间。
- **当前时间:** 指定时间线滑块的当前帧。

7.1.4　曲线编辑器

"曲线编辑器"是制作动画时经常使用的编辑器。使用"曲线编辑器"可以通过快速调节动画曲线来控制模型的运动状态。

单击主工具栏中"曲线编辑器"按钮,打开"轨迹视图-曲线编辑器"窗口。没有为物体添加动画时,该窗口中不包含曲线,如下页图所示。

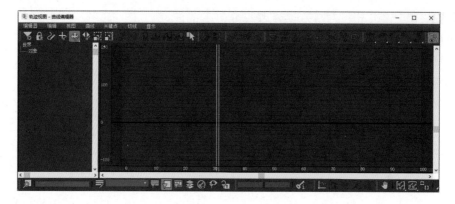

当为物体模型添加动画后，在"轨迹视图-曲线编辑器"窗口中显示相应的曲线，如下图所示。X轴默认使用红色曲线来表示、Y轴默认使用绿色曲线来表示、Z轴默认使用蓝色曲线来表示。

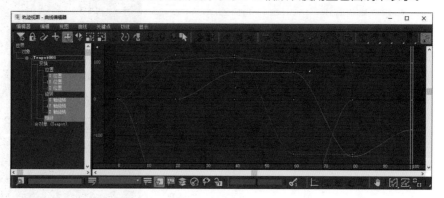

下面介绍"轨迹视图-曲线编辑器"窗口部分参数的含义。

- **添加/移除关键点**：使用该工具可以在曲线上添加关键点，如果按住Shfit键在关键点上单击，即可删除该关键点。
- **移动关键点**：使用该工具在动画曲线上选择任意关键点，调整控制点改变曲线的形状，同时影响视口中对象的动画效果，如下左图所示。
- **参数曲线超出范围类型**：选择动画曲线，单击该按钮可以将需要循环动画的曲线在超出范围外继续生成。单击该按钮，打开"参数曲线超出范围类型"对话框，其中包括6种类型，如下右图所示。

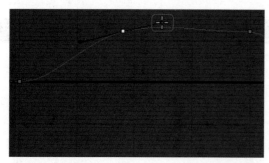 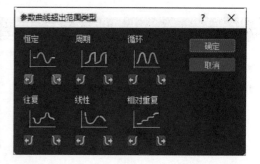

- **框选值范围选定关键帧**：单击该按钮可以快速显示所有动画曲线。

提示：动画曲线与速度的关系

在"轨迹视图-曲线编辑器"窗口中横轴代表时间，纵轴代表距离。当动画曲线是直线而且斜率相等时表示匀速运动；当动画曲线斜率由小到大，表示加速运动；斜率由大到小表示减速动。

实战练习 利用关键帧制作水果滚动和灯光变化的动画效果 ────────────●

　　本小节介绍动画制作的基本工具，包括关键帧、时间配置和曲线编辑器等，下面我们根据所学内容制作水果在地上滚动，同时太阳落山，室内灯光亮起来的动画。下面介绍具体操作方法。

　　步骤 01 打开"窗台.max"文件，场景中配置了环境、太阳光和相关模型，如下左图所示。

　　步骤 02 单击"时间配置"按钮 🎬，打开"时间配置"对话框，选择PAL单选按钮，设置"结束时间"为100，单击"确定"按钮，如下右图所示。

　　步骤 03 选择水果模型，单击"自动关键点"按钮，将时间滑块定位在第0帧，单击"设置关键点"按钮创建关键帧，然后移到第20帧，调整水果模型的位置并在滚动方向上添加旋转，如下左图所示。

　　步骤 04 拖动时间滑块从第0帧到第20帧查看水果滚动的效果，下右图是第15帧的效果。

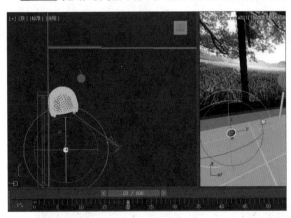 

　　步骤 05 接下来制作太阳由中午到落山的动画，选择VRay太阳，单击"自动关键点"按钮，将时间滑块定位在第0帧并创建关键点，将时间滑块定位在第25帧，并移动VRay太阳到水平线下，如右图所示。

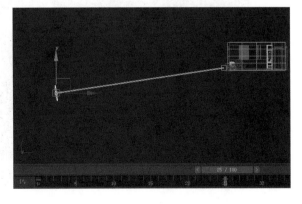

步骤 06 在第0帧时，VRay太阳在上方是中午的光线效果，第25帧调整VRay太阳是落日的效果。我们渲染两帧图片，查看效果，其中场景中台灯的灯光不需要比较。下左图是第5帧的效果，下右图是第15帧的效果。

步骤 07 最后设置台灯，该台灯是VRay灯光材质，需要在"材质编辑器"中设置灯光的颜色和强度。选择台灯模型，将时间滑块定位在第0帧，设置颜色为白色、数值为0，如下左图所示。

步骤 08 将时间滑块定位在第20帧，设置颜色为白色，数值为10，如下中图所示。

步骤 09 将时间滑块定位在第40帧，设置颜色为蓝色，数值为20，如下右图所示。

步骤 10 设置完成后单击"自动关键点"按钮，单击主工具栏中"渲染设置"按钮，打开"渲染设置"对话框，在"公用"选项卡中选中"帧"单选按钮，在右侧输入框中输入"15"，在下方单击"文件"按钮设置保存的名称和类型，如下左图所示。

步骤 11 单击"渲染"按钮，即可渲染出第15帧时场景的效果，如下右图所示。

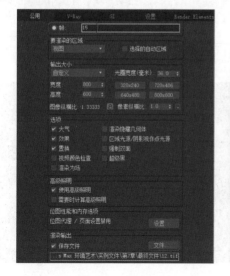

步骤12 再渲染第35帧查看效果，如下图所示。效果都满意后，在"渲染设置"对话框的"公用参数"卷展栏中选择"范围"单选按钮，设置起始的帧，单击"渲染"按钮即可。

7.2 约束

"约束"是将事物的变化限制在一个特定的范围内。在"动画>约束"菜单中包含了系统自带的约束工具，可以进行多种类型的物体约束。"约束"菜单，如下图所示。

下面介绍各种约束的作用。

- **附着约束**：将对象的位置附到另一个对象的面上。
- **曲面约束**：沿着另一个对象的曲面来限制对象的位置。
- **路径约束**：沿着路径来约束对象的移动路线。
- **位置约束**：使受约束的对象跟随另一个对象的位置。
- **链接约束**：将一个对象中的受约束链接到另一个对象上。
- **注视约束**：约束对象的方向，使其注视另一个对象。
- **方向约束**：使受约束的对象旋转跟随另一个对象的旋转效果。

本节以"路径约束"为例介绍具体的使用方法。使用"路径约束"时，需要在场景中绘制样条线路径，再选择对象模型，执行"动画>约束>路径约束"命令。在视口中从对象模型到光标定位处显示虚线，将光标定位在样条线路径上如下页左图所示。在样条线上单击完成路径约束的操作，此时对象附着在样条线上，如下页右图所示。

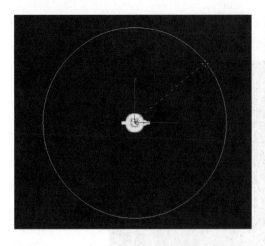 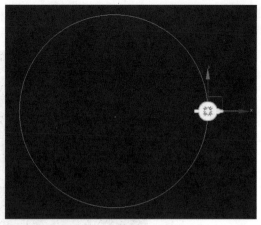

　　添加路径约束后，在"路径参数"卷展栏中可以设置对应的参数，如下左图所示。

　　添加的样条线显示不在下方的文本框重，单击"添加路径"按钮，就可以将样条线与路径约束关联。如果单击"删除路径"按钮，将取消对象和样条线的约束。

　　"%沿路径"用于设置对象在路径上的位置，例如设置为25时，对象位于圆形上方四分之一位置，如下右图所示。

 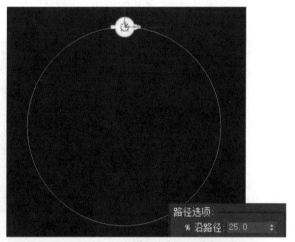

　　如果想让对象沿着样条线运动时，方向始终和样条线的方向一致，需要勾选"跟随"复选框，然后在"轴"区域中选择对应的轴的单选按钮。要想让茶壶的嘴始终朝着运动的方向，勾选"跟随"复选框，选中"X"单选按钮，如右图所示。

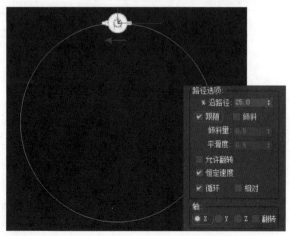

实战练习 用路径约束制作鱼游动动画

本节学习了约束相关知识，接来我们使用路径约束制作鱼儿在水里游动的动画，下面介绍具体的操作方法。

步骤 01 打开"鱼.max"文件，里面包含了3条鱼和水底图像文件，如下左图所示。

步骤 02 在"创建"面板的"图形"选项卡下单击"线"按钮，在"顶"视口中绘制样条线，然后在"修改"选项卡下切换至样条线的"顶点"层级，设置为平滑点，如下右图所示。

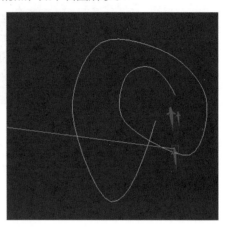

步骤 03 在"修改"选项卡下进入"顶点"层级，使用选择并移动工具，调整样条线上的各个点的位置，使其轨迹是三维立体的样条线，如下左图所示。

步骤 04 选中其中一条鱼的模型，在菜单中执行"动画>约束>路径约束"命令，接着选择创建样条线，如下右图所示。

步骤 05 在"路径参数"卷展栏中单击"添加路径"按钮，勾选"跟随"复选框，并选择"Y"单选按钮，效果如下左图所示。

步骤 06 根据相同的方法为其他两条鱼添加路径，如下右图所示。

步骤 07 最后渲染就会显示鱼在水中游的动画效果，下左图为第25帧的效果，下右图是第65帧的效果。

7.3 变形器

3ds Max中制作动画时可以使用修改器中的相关的变形器，制作特殊的动画效果，例如，使用切片修改器可以制作生长的动画效果。

7.3.1 变形器修改器

"变形器"修改器可以用来改变网格、面片和NURBS模型的形状，同时还支持材质变形，一般用于制作3D角色的口型动画等。

在场景中创建一个对象，例如创建圆柱体，然后复制一份。接着对复制的对象添加修改器进行变形，此处添加FFD修改器调整形状，如下左图所示。选择另一个圆柱体，在"修改"面板中添加"变形器"修改器，对应的参数卷展栏如下右图所示。

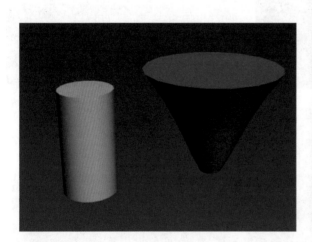 

接下来需要从场景中拾取变形的对象，单击"通道参数"卷展栏中"从场景中拾取对象"按钮，在场景中单击变形的球体，如下页左图所示。除此之外，也可以在"通道列表"卷展栏中右击"空"按钮，在快捷菜单中选择"从场景中拾取"命令，如下页右图所示。在场景中选择变形的对象，可以将其添加到变形通道中。

拾取变形对象后，在通道右侧的输入框中输入数值，可以使圆柱体变形，例如输入20，变形效果如下图所示。

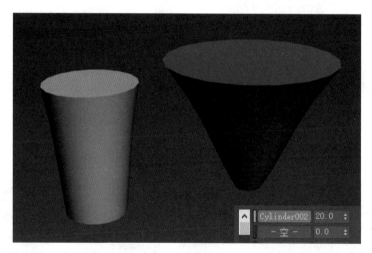

实战练习 使用变形器制作水滴动画

我们学习了"变形器"修改器后，接下来通过制作水从水龙头中滴下来的动画。首先水滴是圆的，在离开水龙头时是上方小下方大的水滴效果。下面介绍具体操作方法。

步骤 01 打开"水龙头.max"文件，在场景中添加灯光和摄影机，在"透视"视口中切换至摄影机视角，效果如下页左图所示。

步骤 02 接着在场景中创建球体，并复制一份，此时需要注意以"复制"形式复制，不能以"实例"形式复制，如下页右图所示。

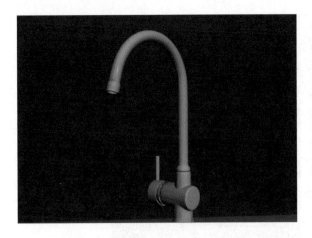
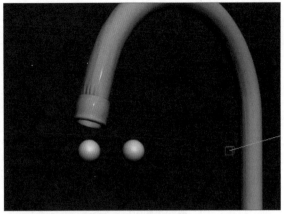

步骤 03 为复制的球体添加"FFD 4×4×4"修改器，通过调整控制点，并将上方进行均匀缩放，制作成水滴的形状，如下左图所示。

步骤 04 为原球体添加"变形器"修改器，并将变形后的模型添加到通道中，如下右图所示。

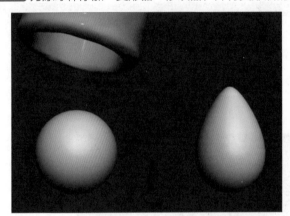

步骤 05 单击"自动关键点"按钮，将时间滑块移到第50帧，保持原球体模型为选中状态，在通道右侧输入框中输入100，原球体也变成变形之后水滴的形状，如下左图所示。

步骤 06 右击复制的球体模型，在菜单中选择"隐藏选定对象"命令，将其隐藏，如下右图所示。

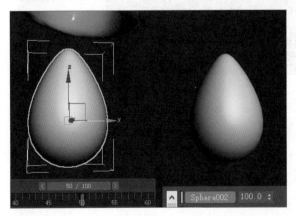

步骤 07 单击"自动关键点"按钮，将时间滑块移到第0帧处，将水滴模型移到水龙头口处，如下页左图所示。

步骤 08 将时间滑块移到第50帧，将水滴模型向下移到脱离水龙头合适的位置，如下页右图所示。

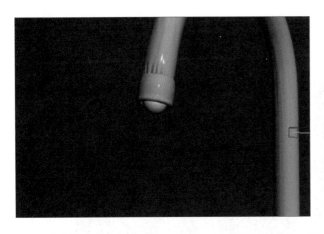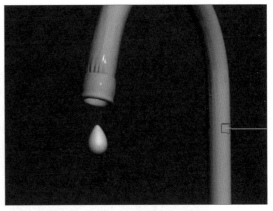

步骤 09 将水滴模型赋予材质，然后选择第0帧、第25帧和第50帧进行渲染，查看水滴从水龙头滴落的动画效果，如下图所示。

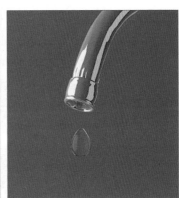

7.3.2 切片修改器

"切片"修改器可以将网格模型部分移除，从而制作出相关的动画。该修改器是制作动画时比较常用的修改器之一。

使用"切片"修改器可以制作生长动画，例如在场景中创建一个圆柱体，然后为其添加"切片"修改器，对应的参数如下左图所示。添加切片后，在模型下方显示橙色的矩形，如下右图所示。

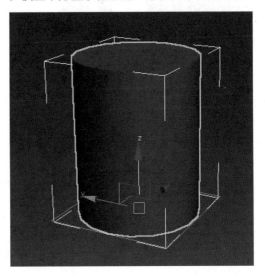

在"切片"卷展栏的"切片方向"区域中可以设置切片的轴向，默认为沿Z轴切片。在"切片类型"区域中常用"移除正"和"移除负"两个单选按钮。"移除正"是移除切片上方的模型，如下左图所示。"移除负"是移除切片下方的模型，如下右图所示。

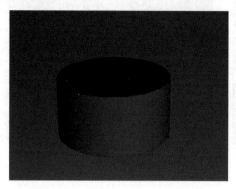 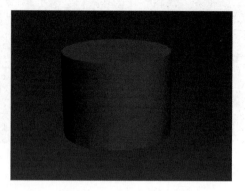

实战练习 使用"切片"修改器制作墙体生长动画

我们学习了"切片"修改器，接下来通过制作墙体生长动画进一步巩固所学内容。墙体生长动画包括地面生长动画、墙壁生长动画、窗户的生长动画和摄影机的移动。下面介绍具体操作方法。

步骤 01 打开"qiangti.max"文件，其中包括地面、墙体和窗户、太阳光和摄影机，如下左图所示。

步骤 02 选择地面模型，在"修改"面板中添加"切片"修改器。在"切片"卷展栏中设置"切片方向"为X轴，在"切片类型"中选择"移除负"单选按钮，如下右图所示。

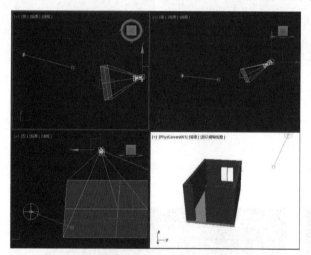 

步骤 03 展开"切片"，选择"切片平面"选项，单击"自动关键点"按钮，时间滑块移到第0帧，将切片沿着X轴移动到完全不显示地面的位置。再将时间滑块移至第20帧，移动切片到完全显示地面的位置，如右图所示。

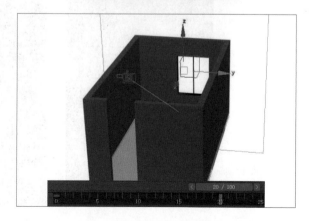

步骤 04 选择墙体模型，并添加"切片"修改器，设置"切片方向"为Z轴、"切片类型"为"移除负"。在第0帧添加关键帧，此时不显示墙体模型，在第40帧调整切片使墙体完全显示。将第0帧关键点移到第20帧处，如下图所示。

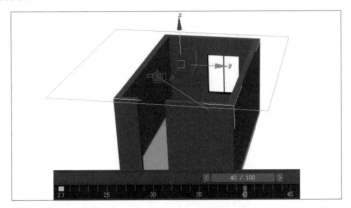

步骤 05 选择摄影机，在第40帧添加关键点，在第60帧添加关键点，调整摄影机的位置，使其对窗户进行特写，如下左图所示。

步骤 06 选择窗户模型，添加"切片"修改器，设置"切片方向"为X轴、"切片类型"为"移除负"，在第0帧移动切片不显示窗户模型，在第80帧移动切片显示窗户模型。将第0帧关键点移到第60帧处，如下右图所示。

步骤 07 在"渲染设置"窗口中分别渲染，下左图是第40帧显示所有墙体的效果。下右图是第75帧显示大部分窗户的效果。

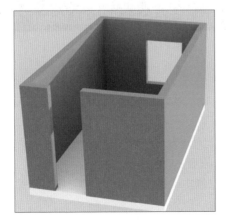

7.4 骨骼

骨骼是制作高级动画的基础，包括骨骼和IK解算器。骨骼可以理解为真实的骨骼，作为模型的主体连接着模型的各个部分，然后赋予骨骼一些关键帧动画，进而使模型产生动作动画。

7.4.1 创建骨骼

在3ds Max中创建骨骼的方法主要有两种，第1种在菜单栏中执行"动画>骨骼工具"命令，在打开的窗口中单击"创建骨骼"按钮，如下左图所示。在视口中拖动即可创建一段骨骼，再次拖动可创建连续的骨骼。

第2种在"创建"面板中切换至"系统"选项卡，单击"骨骼"按钮，即可在视口拖动光标，创建骨骼，如下右图所示。

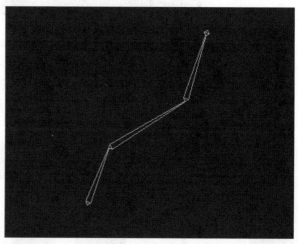

选择创建的骨骼，其参数卷展栏如下图所示。

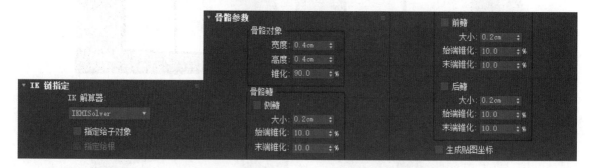

下面介绍"骨骼参数"卷展栏中各参数的含义。

- **宽度/高度**：设置骨骼的宽度和高度。
- **锥化**：调整骨骼形状的锥化程度。如果设置为0，则生成的骨骼形状为长方体形状。
- **侧鳍**：在所创建骨骼的侧面添加一组鳍。
- **大小**：设置鳍的大小。
- **始端锥化/末端锥化**：设置鳍的始端和末端的锥化程度。

在"骨骼参数"卷展栏中只能设置骨骼的大小，不能实现骨骼的移除、连接、指定等操作，可以在"骨骼工具"窗口中实现以上操作。

　　创建骨骼后，单击"骨骼编辑模式"按钮，选择骨骼，沿着某轴拖动可以调整其大小。下左图的左侧为原始骨骼的大小，右侧为沿Y轴向上拖动的效果，可见该骨骼被拉长了。如果没有单击"骨骼编辑模式"按钮，将沿Y轴向上拖动时，会以上方骨骼的根部旋转，如下右图所示。

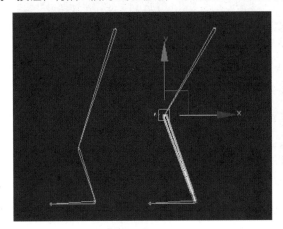 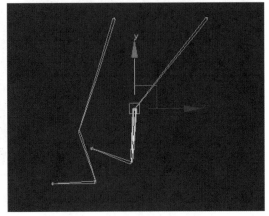

　　如果需要在原有的骨骼上创建新的骨骼，单击"创建骨骼"按钮，将光标移到原骨骼的末端变为十字形状时，单击再拖拽绘制新的骨骼，如下左图所示。新的骨骼与原骨骼是相连的，例如移动原骨骼时新骨骼会跟着移动，如下右图所示。

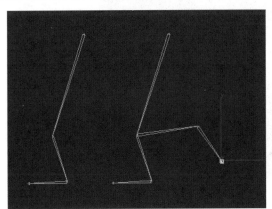 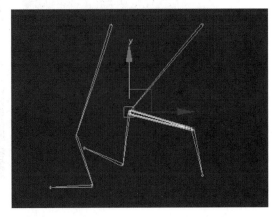

　　如果不需要其中一段骨骼，选择该骨骼，单击"移除骨骼"按钮，即可将选中骨骼移除，不会破坏骨骼的整体性。下左图中两段骨骼是一样的，右侧是移除选中一段骨骼后的效果。

　　如果单击"删除骨骼"按钮，会将选中骨骼删除，但会破坏骨骼的整体性。下右图为删除骨骼后的效果。

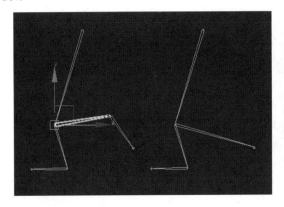 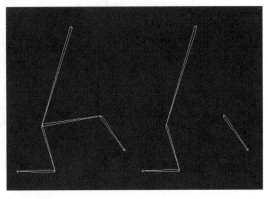

如果需要连接两段骨骼，可以选择其中一段，单击"连接骨骼"按钮，此时骨骼的一端到光标用虚线连接，移到需要连接的骨骼上，如下左图所示。单击鼠标左键即可将两段骨骼连接起来，如下右图所示。

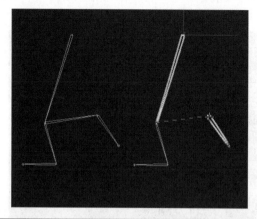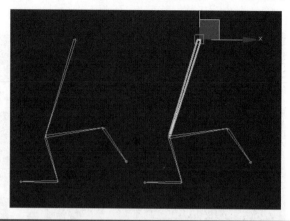

提示：父子关系

　　骨骼的父子关系是指父级骨骼会控制子层级骨骼的位移、旋转，但子层级骨骼不能控制父层级骨骼，只能自身移动或旋转。下左图中下方的骨骼只能自身在旋转，不会影响父级骨骼的旋转；下右图旋转中间骨骼时，下方骨骼也会跟随运动。

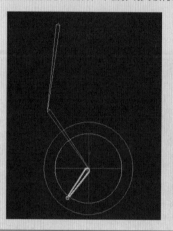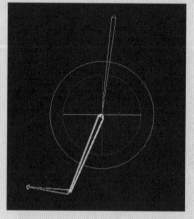

7.4.2　IK解算器

　　"IK解算器"可以创建反向运动学解决方案，用于旋转和定位链中的链接。"IK解算器"可以更好地控制骨骼，其参数卷展栏如下图所示。

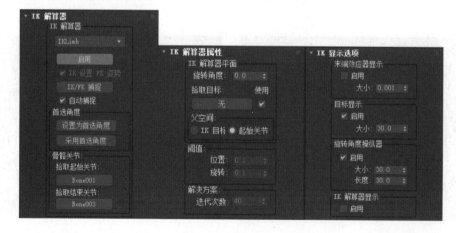

下面以腿骨的骨骼为例，介绍IK解算器的详细应用。首先创建骨骼，选择大腿骨，然后在菜单栏中执行"动画>IK解算器>IK肢体解算器"命令，此时显示一条直线，然后选择脚后跟的骨骼，如下左图所示。此时，我们移动骨骼，小腿和脚骨骼只能伸直或向后弯曲，不会出现小腿向前弯曲的错误效果。下中图是伸直腿的效果；下右图是向后弯曲的效果。

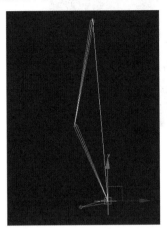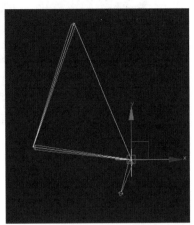

 知识延伸：通过"粒子系统"制作下雪动画

3ds Max中的"粒子系统"是一种很强大的动画功能，共包含7种粒子，分别为粒子流源、喷射、雪、超级喷射、暴风雨、粒子阵列和粒子云。下面以"雪"为例，介绍制作下雪动画的方法。

步骤 01 打开3ds Max，在"创建"面板中的"粒子系统"中单击"雪"按钮，在"顶"视口中创建发射器，如下左图所示。

步骤 02 创建物理摄影机，调整合适的位置，使发射器在画面的顶部，如下右图所示。再添加VRay太阳光并调整高度。

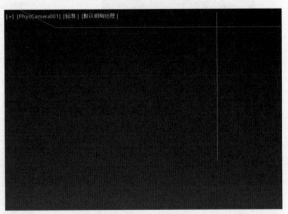

步骤 03 选择发射器，在"修改"面板的"参数"卷展栏中设置"视口计数"为300、"渲染计数"为700、"雪花大小"为0.2cm、"速度"为6、"变化"为1、"翻滚"为0.5，在"计时"选项区域设置"开始"为0、"寿命"为60，如下页左图所示。

步骤 04 设置完成后，在视图中查看雪花的效果，如下页右图所示。

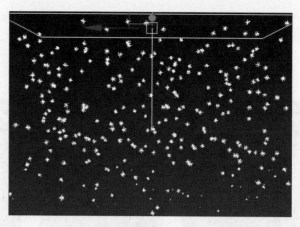

步骤 05 在菜单栏中执行"渲染>环境"命令,在打开的"环境和效果"对话框中添加环境贴图,如下左图所示。

步骤 06 将添加的贴图以"实例"方式复制到空白材质球上,设置"贴图"为"屏幕",如下右图所示。

雪景.jpg

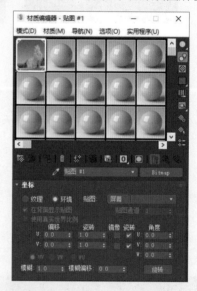

步骤 07 在"材质编辑器"中选择空白材质球,添加VRayMtl材质,设置"自发光"的颜色为白色,将材质赋予发射器上。接下来渲染第1帧和第5帧,查看雪花的效果,如下两图所示。

上机实训：制作客厅家具变形生长动画

本章主要学习3ds Max中动画的技术，包括动画的制作工具、约束、变形器和骨骼。本案例将以客厅家具变形生长动画为例介绍动画的制作过程。制作动画时，每个人的创意不同其效果也是不同，读者可以尝试改变动画效果进行练习。

步骤01 打开实例文件中"夜晚客厅.max"文件，其中包括模型、材质、灯光和摄影机，如下左图所示。

步骤02 按住Ctrl键选择客厅中的沙发、茶几、落地灯和地毯等模型，然后右击，在四元菜单中选择"隐藏未选定对象"命令，只保留需要制作动画的模型，如下右图所示。

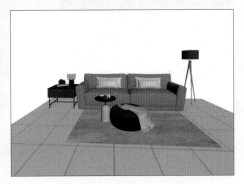

步骤03 首先为地板添加动画，选择地板模型，在"修改"面板中添加"切片"修改器，设置"切片方向"为X，"切片类型"为"移除正"，调整切片位于地板模型一侧，如下左图所示。

步骤04 单击状态栏中"时间配置"按钮，在打开的对话框中设置"帧速率"为"PAL"，再设置开始和结束时间。单击"自动关键点"按钮，将时间滑块定位在第25帧，沿X轴移动切片至全部显示出地板模型，如下右图所示。

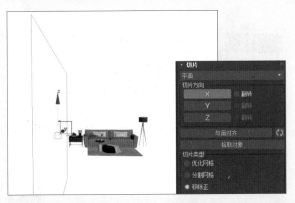
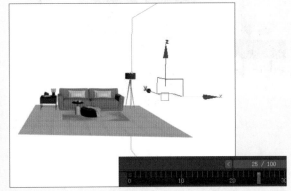

步骤05 接下来设置地毯模型从中心旋转并逐渐变大的动画。选择地毯模型，单击"自动关键点"按钮，将时间滑块定位在第0帧，右击模型，在四元菜单中选择"对象属性"命令，打开"对象属性"对话框，在"常规"选项卡的"渲染按钮"选项区域中设置"可见性"为0，表示在第0帧时，不显示选中的模型，如下页左图所示。

步骤06 将是间滑块定位在第1帧，设置"可见性"为1，并右击"选择并均匀缩放"按钮，在打开的对话框中设置缩放10%。将时间滑块定位在第40帧，设置缩放为100%，并且使用"选择并旋转"工具水平旋转360度。最后调整第0帧和第1帧到第25帧左右，如下页右图所示。

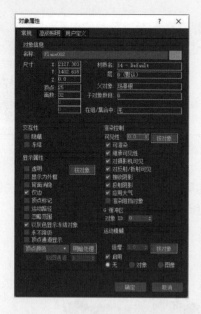

步骤 07 下面制作沙发弯曲动画。选择沙发模型，在"修改"面板中添加"弯曲"修改器，将时间滑块定位在第0帧，在"对象属性"对话框中设置"可见性"为0，在第1帧设置"可见性"为1。在第1帧时设置弯曲修改器的角度为-350度，"弯曲轴"为X，效果如下左图所示。

步骤 08 将时间滑块定位在第15帧，设置弯曲的"角度"为0，使沙发正常显示，为使效果更逼真，还要制作沙发模型稍微弹起的效果。将时间滑块定位在第17帧，设置弯曲的"角度"为"-10"，在第19帧时调整"角度"为0，效果如下右图所示。最后将沙发的时间滑块向后移使第0帧在第20帧左右。

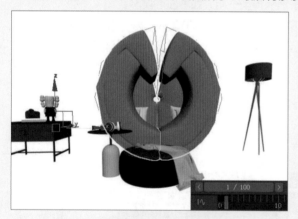

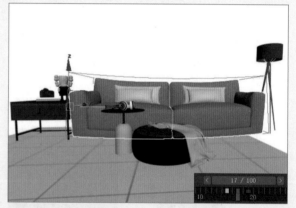

步骤 09 下面制作沙发抱枕从上向下并从小到大地落到沙发上的动画。按Ctrl键选择4个抱枕模型，将时间滑块定位在第15帧，添加关键点，再定位到第0帧，沿着Z轴向上移动，并缩小到0%。然后制作抱枕弹起的效果，在第17帧，稍微将抱枕沿Z轴向上移动，在第19帧恢复到原来位置，如右图所示。移动抱枕的关键点到沙发模型正常显示的关键点位置。

步骤 10 此时抱枕是整齐地落下的，接下调整为错落有致地落下。保持抱枕模型为选中状态，并右击，在四元菜单中选择"曲线编辑器"命令，在打开的窗口单击"编辑器"菜单按钮，选择"摄影表"命令，然后选择不同抱枕模型调整对应关键帧的位置，如下图所示。

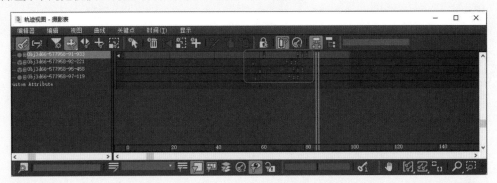

步骤 11 调整完成后，抱枕模型是分开落到沙发模型上，如下左图所示。

步骤 12 下面制作落地灯模型拉伸的动画。选择落地灯模型，在第0帧缩放为0，第1帧缩放为100%，在第1帧添加"拉伸"修改器，设置"拉伸"为"-2.4"，第13帧设置"拉伸"为"0.3"，在第15帧设置"拉伸"为0，调整关键点到抱枕模型落下位置，如下右图所示。

步骤 13 接下来制作茶几、物品的动画，可以根据读者想法制作，最后再为落地灯设置变亮的动画，在不同的帧设置其"强度"为不同的数值即可。下面渲染单帧查看效果，下左图是第70帧，此时落地灯没亮，只有窗外的月光，有的物品没有显示。下右图为第95帧，此时落地灯亮了，客厅内所有物品的动画基本上都结束了。

课后练习

一、选择题

（1）在3ds Max中开启自动关键点，除了单击"自动关键点"按钮外，还可以按（　　）键。

A. G   B. N

C. F   D. M

（2）在制作动画之前需要设置"帧速率"，我们常用的PAL制式是每秒（　　）帧。

A. 30   B. 24

C. 25   D. 35

（3）使用（　　）修改器，可以制作生长动画。

A. 切片   B. 拉伸

C. 变形器   D. 以上都不行

（4）在3ds Max中创建骨骼时，如何打开"骨骼工具"窗口进行编辑骨骼（　　）。

A. 单击"骨骼"按钮   B. 执行"动画>骨骼"

C. "动画>骨骼工具"   D. 以上都可以

二、填空题

（1）在3ds Max的"时间配置"对话框中设置"帧速率"为_____制式，表示25帧为1秒。

（2）在"轨迹视图-曲线编辑器"窗口中默认情况下，X轴使用_____来表示，Y轴使用_____来表示，Z轴使用_____来表示。

（3）制作3ds Max动画时，使受约束的对象沿着指定的路线移动，需要使用_____约束。

三、上机题

　　本章学习了3ds Max的动画技术，包括动画制作工具、约束、变形器和骨骼。接下来使用本章所学的内容制作书房家具变形动画。首先将书房中背景墙、画、地毯、书桌等孤立出来。使用"切片"制作地毯的生长动画，书桌制作成拉伸动画，在80帧后制作台灯亮的效果。下左图是第60帧的效果图，书桌上物品从上向下降落，此时台灯没有亮，只有窗外灯光。下右图是第83帧，此时台灯亮了，椅子模型正由小变大，其他模型动画都完成了。

第二部分
综合案例篇

　　在基础知识篇，我们学习了3ds Max软件相关功能的理论知识和实际应用。本篇将通过具体案例的实现过程，展示3ds Max在效果图和动画实操方面的应用，包括波浪形雕塑的表现、现代风格厨房效果图的制作、室内设计中卧室效果的展示，以及园林设计中公园一角效果的表现等。通过本部分内容的学习，使读者可以对3ds Max建模、灯光、材质、摄影机和动画等功能有更直观地了解，真正达到学以致用的目的。

3 MAX 第8章 波浪形雕塑表现

本章概述

本章我们将通过模型创建、环境贴图、运镜动画设置等操作，来制作波浪形雕塑效果。本节主要使用样条线创建波浪形雕塑的主体和底座，还会使用软件的预设材质给模型赋予材质。

核心知识点

❶ 样条线工具的应用
❷ 标准基本体工具的应用
❸ 金属材质的添加
❹ 环境光贴图的设置
❺ 运镜动画的设置

8.1 创建模型

本节首先利用样条线工具、标准基本体工具进行波浪形雕塑模型的创建，下面介绍具体操作方法。

步骤 01 在"创建"面板的"图形"面板中单击"圆"按钮，在场景中创建一个圆形，接着设置"步数"为18、"半径"为5000mm，具体参数设置及模型效果如下左图所示。

扫码看视频

步骤 02 选中新建的样条线（圆），单击鼠标右键，在打开的四元菜单中选择"转换为>转换为可编辑样条线"命令，如下右图所示。

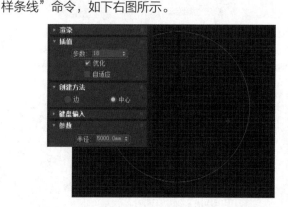
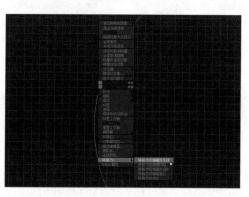

步骤 03 在"修改"面板下展开"可编辑样条线"，选择"顶点"选项，然后单击"几何体"卷展栏中的"优化"按钮，如下左图所示。

步骤 04 选择"线段"选项，然后返回模型，框选全部线段，在"创建"面板下的"几何体"卷展栏中单击"拆分"按钮，如下右图所示。

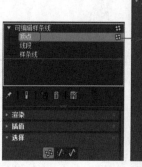

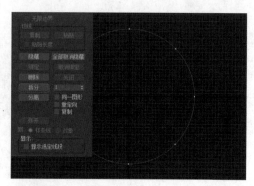

步骤 05 返回"修改"面板中，选择"顶点"选项。使用Crtl+鼠标左键组合键，间隔选择四个顶点，如下左图所示。

步骤 06 切换到前视图，使用移动工具，将顶点向上移动到合适的位置，用户也可以根据需要对顶点进行单独的调整，如下右图所示。

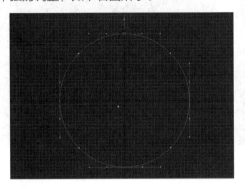
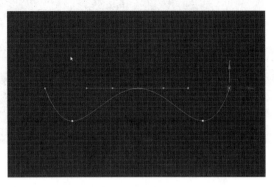

步骤 07 选择"创建"面板下"图形"中的矩形工具，在场景中插入一个矩形，设置长和宽均为1000mm，并把矩形转换为可编辑样条线，如下左图所示。

步骤 08 在"修改"面板下展开"可编辑样条线"，选择"线段"选项，把矩形转换为可编辑状态，如下右图所示。

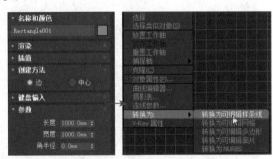
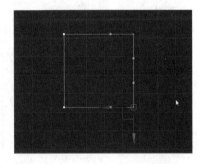

步骤 09 选择场景中矩形的其中三个边并删除，只保留其中一条边，这样为得到波浪线的放样图形做好了准备，如下左中图所示。

步骤 10 在"创建"面板中选择"顶点"选项，然后全选得到线段的顶点。接着右击选择的顶点，在展开的四元菜单栏里选择"角点"命令，如下右图所示。

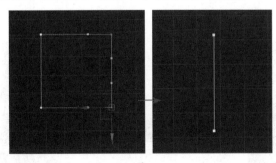
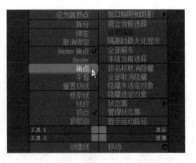

步骤 11 切换至"层次"面板，单击"轴"按钮后，先单击"仅影响轴"按钮，再单击"居中到对象"按钮，最后单击"仅影响轴"按钮。这一步是把坐标轴移动到线段居中位置。如果操作不对，将会对下一步得到的模型产生影响，请注意操作顺序。下页左图是坐标轴在物体未居中前，下页右图是坐标轴在物体居中后，请注意坐标轴位置的变化。

步骤12 选择由圆得到的波浪线，切换至"创建"面板，在"几何体"面板下单击"标准基本体"下三角按钮，选择"复合对象"选项，在"对象类型"卷展栏中单击"放样"按钮，如下左图所示。

步骤13 在下方"创建方法"卷展栏中单击"获取图形"按钮，这时把鼠标指针移动到场景内刚刚创建的线条并单击，场景中的波浪线就会因为受到放样修改器的影响而发生变化，得到的结果如下右图所示。

 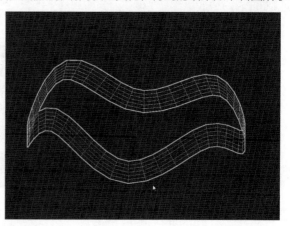

步骤14 展开"蒙皮参数"卷展栏，设置"图形步数"为9、"路径步数"为15，和步骤13的图对比，可以看到波浪形状的细分增加了，更加平滑了，如下左图所示。

步骤15 接着切换至"修改"面板，展开"变形"卷展栏，单击"扭曲"右侧的小灯泡图标，再单击"扭曲"按钮，打开"扭曲变形"对话框，打开后如下右图所示。

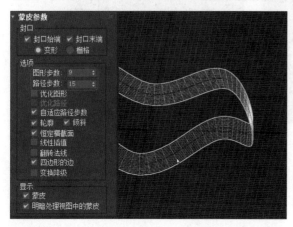 

步骤 16 使用"插入角点"工具在对话框中红线和表格相交的地方依次插入角点,使用"移动控制点"工具根据需求调整波浪线。调整过程中要注意波浪线过渡不要太生硬,如下图所示。

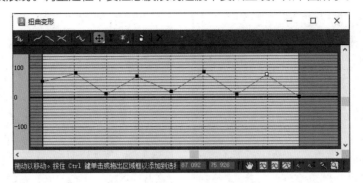

步骤 17 在"变形"卷展栏中,先单击"缩放"后面的小灯泡图标,再单击"缩放"按钮,打开"缩放变形"对话框,根据上一步骤相同的方法进行调整,如下图所示。

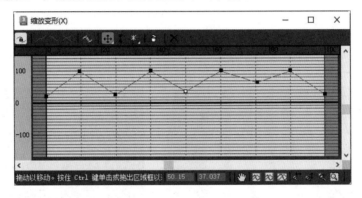

步骤 18 选中波浪模型,切换至"修改"选项卡,单击"修改器列表"下拉按钮,在下拉列表中选择"编辑多边形"选项,进入多边形编辑模型,如下左图所示。

步骤 19 接着选择"边"选项,按下Crtl+鼠标左键,单独选择每一条循环边,全部选中后再按下Alt+L组合键,自动选择全部循环边,如下右图所示。

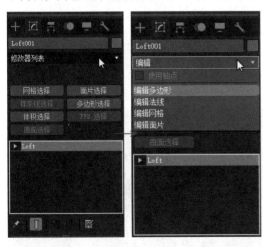

步骤 20 在"修改"面板的"编辑边"卷展栏下单击"创建图形"按钮,再选择波浪模型图案时会发生相应的变化,如下页左图所示。

步骤 21 选择场景中的模型，切换至"修改"面板，在"渲染"卷展栏中勾选"在渲染中启用"和"在视口中启用"复选框，即可实时预览设置效果，如下右图所示。

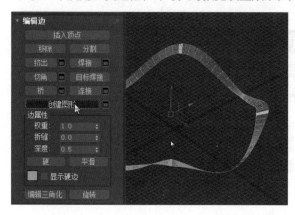

步骤 22 径向厚度为30mm、边为12mm、角度为0，场景中可以实时看到波浪形模型的变化，如下左图所示。

步骤 23 下面进行雕塑底座的建模，首先在"创建"面板的"图形"中选择圆工具，在场景中添加圆形，设置圆的半径为6000mm，如下右图所示。

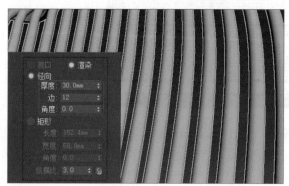
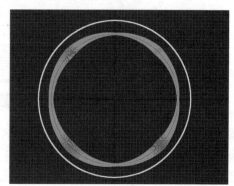

步骤 24 切换至"修改"面板，在"渲染"卷展栏中取消勾选"在渲染中启用"和"在视口中启用"复选框。在"插值"卷展栏中勾选"自适应"复选框，如下左图所示。

步骤 25 选中圆形并右击，执行"转换为>转换为可编辑样条线"命令。然后在"修改"面板下展开"可编辑样条线"，选择"样条线"选项，设置"轮廓"为−1000。添加"挤出"修改器，设置"数量"为100、"分段"为1，效果如下右图所示。

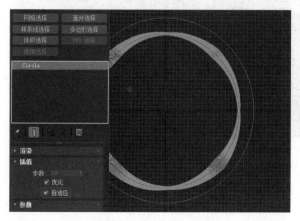
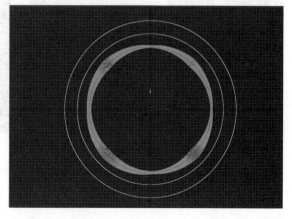

步骤26 选中圆，在"编辑"菜单中选择"克隆"命令，打开"克隆选项"对话框，选择"复制"单选按钮，再单击"确定"按钮，如下左图所示。得到一个复制后的圆。

步骤27 选择其中一个圆，切换至"修改"面板，选择"可编辑样条线"选项，选择圆的内圈，使用"选择并均匀缩放"工具对圆的内圈进行均匀缩放，调整后的效果如下右图所示。

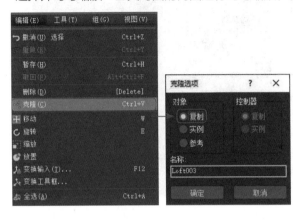
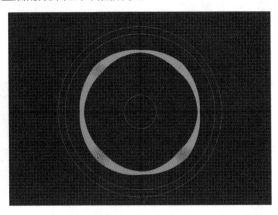

步骤28 选择另一个未缩放的圆，在"修改"面板下选择"挤出"修改器，在"参数"卷展栏中设置"数量"为20mm、"分段"为1，效果如下左图所示。

步骤29 再创建一个半径为2500mm的球体，插入平面作为地面，平面的长度和宽度都是5000mm，长度分段和宽度分段都是1，完成后的效果如下右图所示。

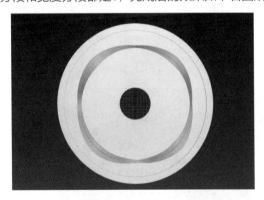
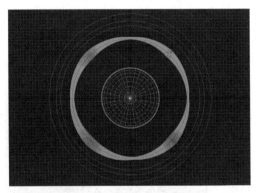

8.2 添加环境贴图

本节主要通过给金属材质模型的场景添加环境背景的操作下，介绍3ds Max环境贴图的使用方法。环境贴图也称为反射贴图，用于模拟光滑表面对周围场景的映射效果。金属是反光度很高的材质，也是受光线影响最大的材质之一，下面主要讲解处理两者之间关系的方法，具体操作步骤如下。

扫码看视频

步骤01 要添加环境贴图则首先按数字"8"键，打开"环境和效果"对话框，在"环境"选项卡中勾选"使用贴图"复选框，然后单击"环境贴图"下面的"无"按钮，在打开的"材质/贴图浏览器"对话框中选择"位图"选项，单击"确定"按钮，在打开的"选择位图图像文件"对话框中选择准备好的图像，如下页左图所示。

步骤02 添加完环境贴图后，返回"环境和效果"对话框，在"全局照明"区域设置"级别"为0.8，如下页右图所示。

步骤 03 保持"环境和效果"对话框不关闭,打开"材质编辑器"窗口,选择一个空白材质球,把"环境和效果"选项卡里的环境贴图拖入空白材质球,在弹出的对话框中确认"实例"单选按钮为选中状态,再单击"确定"按钮,如下左图所示。

步骤 04 在"材质编辑器"窗口中选择一个空白材质球,更改名称为"金属1",在"预设"下拉列表中选择预设材质为"喷砂银",设置"材质模式"为"经典简单",然后将材质指定给圆球模型,如下右图所示。

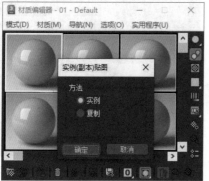
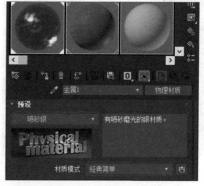

步骤 05 接着为模型指定预设的银、古铜、精炼水泥、粗糙水泥材质,如右图所示。

步骤 06 打开"渲染设置"对话框,设置"目标"为"产品级渲染模式"、"渲染器"为Arnold,在"Arnold Renderer"选项卡下更改"Camera(AA)"参数为5,如下页左图所示。

步骤 07 单击"渲染"按钮，渲染结束后，得到的最终效果如下右图所示。

8.3 添加带坡度的草地背景及图片背景

本节主要通过在场景中应用"噪波"修改器和"Hair 和 Fur（WSM）"命令，制作山坡草地，给雕塑模型添加环境背景，美化我们制作的模型，下面介绍具体操作方法。

扫码看视频

步骤 01 首先新建平面，平面的为长为50000mm、宽为48000mm、长度分段为100、宽度分段为95。然后选中平面并右击，在四元菜单中选择"隐藏未选定对象"命令，如下左图所示。

步骤 02 从修改器列表中添加"噪波"修改器，设置噪波参数中的种子为2、比例为3000。勾选"分形"复选框，设置"分形"参数中的粗糙度为0、迭代次数为6，设置强度参数中的X为0mm、Y为0mm、Z为10000mm，得到的模型形状如下右图所示。

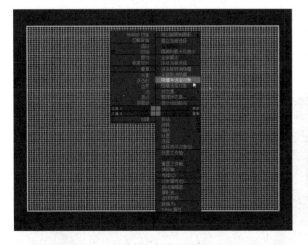

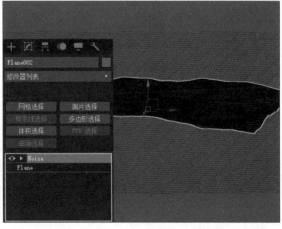

步骤 03 把模型转换为可编辑多边形。打开"材质编辑器"窗口，选择一个新材质球并命名为"草地"。单击"转到父对象"按钮，如下页左图所示。

步骤 04 然后把贴图分别贴到"基础颜色""反射颜色""漫反射粗糙度"属性，再把材质指定到平面草地模型，如下页右图所示。

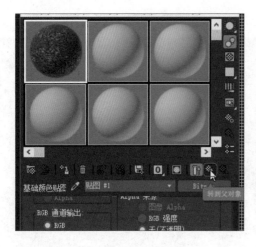

步骤 05 给平面草地模型添加一个"hair 和 Fur（WSM）"修改器，在"常规参数"卷展栏中设置"毛发数量"为8000、"毛发段"为5、"比例"为80、"随机比例"为60、"梢厚度"为1，如下左图所示。

步骤 06 修改模型的材质参数，设置"根颜色"的RGB值分别为：153、204、51，设置"梢颜色"的RGB值分别为190、241、164，得到的模型如下右图所示。

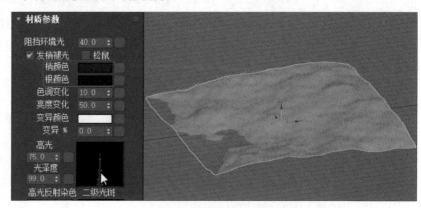

步骤 07 插入一个长为50000mm、宽为1500mm、高为500mm的长方体，并放在草地和雕塑地板中间，如下左图所示。

步骤 08 转到左视图，插入一个长度为43200mm、宽度为64800mm的长方形，设置其长度分段为1、宽度分段为1，如下右图所示。

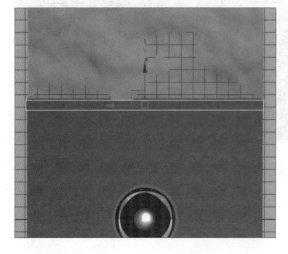
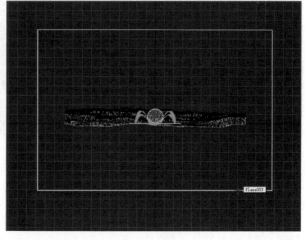

步骤09 打开"材质编辑器"面板，选择一个新材质球并命名为"背景"。在"涂层参数"卷展栏中设置"透明涂层"的"粗糙度"为0，设置"影响基本"颜色为0.5、粗糙度为0。在"基本参数"卷展栏中设置透明涂层的"粗糙度"为1、"透明度"为0.1、"深度"为0。然后把材质指定到刚建好的长方形上，如下左图所示。

步骤10 打开"环境和效果"对话框，把"全局照明"级别设置为0.8，如下右图所示。

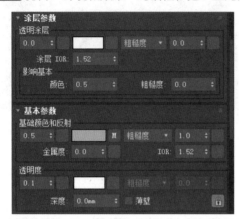 

步骤11 在场景中添加目标摄影机，调整好相机角度，如下左图所示。

步骤12 打开"渲染设置"对话框，选择Arnold渲染器，单击"渲染"按钮，得到的渲染结果如下右图所示。

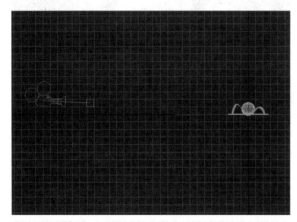 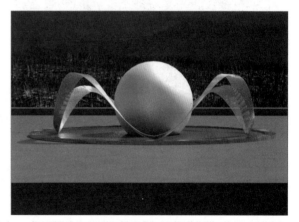

8.4 添加运镜动画

本节主要介绍3ds Max制作运镜动画相关工具的应用，例如关键帧设置工具、播放控制器和"时间配置"对话框。掌握好了这些工具的用法，可以非常方便地制作一些简单的动画。下面介绍具体操作方法。

扫码看视频

步骤01 切换至顶视图，选择摄影机，把时间滑块拖放到0帧，然后单击"自动关键点"按钮，这时在0帧出现关键帧标记，如下页左图所示。

步骤02 打开摄影机参数设置面板，把"镜头"设置为83mm。将时间线滑块拖到第35帧，把"镜头"设置为120mm。这时镜头参数、视野参数及时间线上都会出现关键帧标记，镜头内模型也由全景镜头展示转到特写镜头。接着把时间滑块拖到45帧并设置关键帧，不改变任何参数，如下页右图所示。

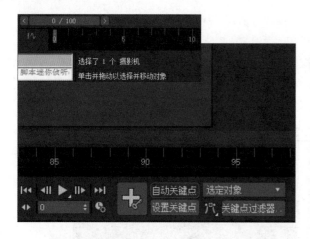
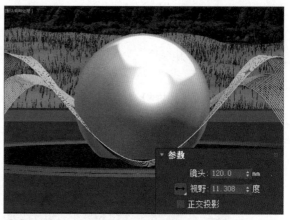

步骤 03 将时间滑块拖到70帧，把摄影机移动到模型左上角20度，时间轴上会出现相应的关键帧标记，如下左图所示。

步骤 04 将时间滑块拖到100帧，把摄影机移动到模型正前方，这时模型又会回到全景镜头展示，时间轴上会出现相应的关键帧标记，如下右图所示。

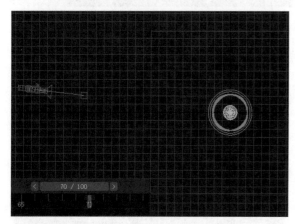
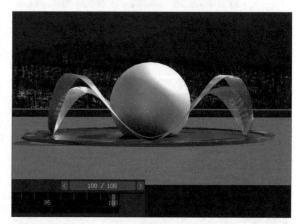

步骤 05 至此，一个简单的运镜动画就完成了。在"渲染设置"对话框中设置渲染第40帧，可见此时镜头靠近雕塑模型，效果如下左图所示。

步骤 06 渲染第70帧，可见镜头向左侧慢慢移动，效果如下右图所示。

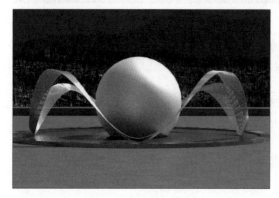
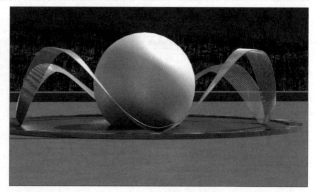

第9章 现代风格厨房设计效果表现

本章概述

厨房是室内重要的组成部分,本章首先介绍现代风格的厨房设计中灯光、材质等制作过程,然后为厨房制作家具生成动画,最后通过水龙头特写镜头的制作,对3ds Max粒子系统的应用进行练习。

核心知识点

❶ 掌握厨房灯光的设置
❷ 掌握厨房中各种材质的制作
❸ 掌握流水效果的制作
❹ 掌握生成动画的制作

9.1 现代风格

现代风格是时下比较流行的一种室内设计风格,非常注重居室空间的布局与使用功能的完美结合。现代设计追求的是空间的实用性和灵活性。居室空间是根据相互间的功能关系组合而成的,而且功能空间相互渗透,空间的利用率非常高。现代风格的空间组织不再是以房间组合为主,空间的划分也不再局限于硬质墙体,而是更注重会客、餐饮、学习、睡眠等功能空间的逻辑关系。

以下两图为现代风格的厨房设计效果图。

9.2 添加灯光和材质

效果图的制作,需要从建模开始,然后添加灯光、材质,最后渲染出图。本案例提前制作好现代风格的厨房模型,本节将直接介绍为现代风格厨房模型添加灯光和材质的操作方法。

扫码看视频

9.2.1 灯光的制作

厨房中的灯光包括射灯和顶灯,本节我们将使用"光度学"灯光制作射灯效果,使用VRay灯光制作顶灯效果。最后再添加辅助灯光,增亮背光部分。

步骤 01 打开"厨房.max"文件,如下页左图所示。

步骤 02 在菜单栏中执行"渲染>渲染设置"命令,在打开的对话框中设置渲染器为V-Ray 5,并设置相关参数,如下页右图所示。

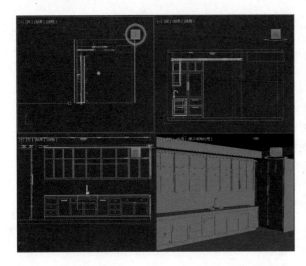 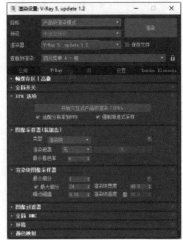

步骤03 在"创建"面板的"灯光"选项区域单击"光度学"中的"目标灯光"按钮。在顶视图的射灯处绘制目标灯光，在前视图中调整其位置，效果如下左图所示。

步骤04 创建完成后切换至"修改"面板，在"常规参数"卷展栏中勾选"阴影"区域的"启用"复选框，并选择"VRay阴影"，设置"灯光分布（类型）"为"光度学 Web"；在"分布（光度学 Web）"选项区域添加"01.IES"；在"强度/颜色/衰减"卷展栏中设置"过滤颜色"为浅粉色，设置"强度"为1000；在"VRay阴影 参数"卷展栏中勾选"区域阴影"复选框，并设置其大小，如下右图所示。

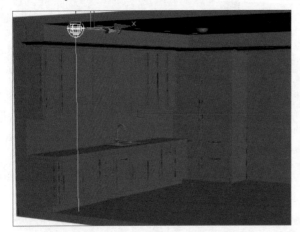 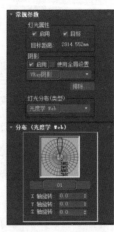 

步骤05 在左视图中按住Shift键以"实例"复制4份射灯，并调整好位置，如下左图所示。

步骤06 单击工具栏中的"渲染"按钮，查看添加射灯的效果，如下右图所示。

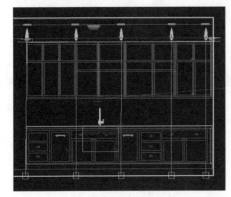 

步骤 07 在"创建"面板中创建VRay灯光，在"常规"卷展栏中设置"类型"为"球体"，设置"倍增"为50，设置"颜色"为浅粉色，如下左图所示。然后在"选项"卷展栏中勾选"不可见"复选框。

步骤 08 选择射灯，在"常规"卷展栏中取消勾选"启用"复选框，渲染后只查看添加VRay灯光的效果，如下右图所示。

步骤 09 接下来，在场景中橱柜两端添加灯带。在"创建"面板中单击"VRay灯光"按钮，创建细长的平面灯，并移到橱柜下方，设置"倍增"为2、"颜色"为浅蓝色，并勾选"不可见"复选框，如下左图所示。

步骤 10 按Shift+Q组合键进行渲染，查看添加灯带的效果，如下右图所示。满意后，复制一个灯带到另一侧。

步骤 11 最后添加辅助灯光。单击"VRay灯光"按钮，在厨房的侧面添加灯光，因为是辅助灯光，所以将"倍增"设置为0.2，并将灯光调整到合适的位置，如下左图所示。

步骤 12 厨房中灯光添加完成后，执行"渲染>渲染"命令，查看设置的灯光效果，如下右图所示。

9.2.2 材质的制作

厨房中的材质主要包括地板、墙面、台面、橱柜和水龙头等，本节主要介绍VRay材质的应用，下面介绍具体操作方法。

步骤01 按M键打开"材质编辑器"窗口，选择空白材质球，单击"物理材质"按钮，打开"材质/贴图浏览器"对话框，选择VRayMtl选项，如下左图所示。

步骤02 将材质球命名为"地板"，在"漫反射"通道上添加"平铺"贴图，在"高级控制"卷展栏中为"纹理"通道添加"001.jpg"贴图，并设置"水平数"为1、"垂直数"为4，再设置砖缝的纹理和间距，如下右图所示。

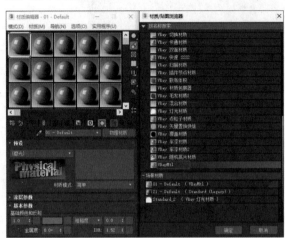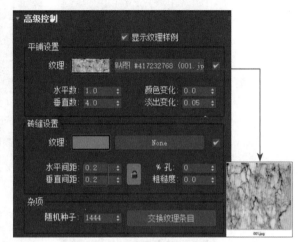

步骤03 下面为墙壁添加材质。首先选择空白材质球，添加VRayMtl材质，设置"漫反射"颜色为深青色、"粗糙度"为1，并赋予墙壁模型，如下图所示。

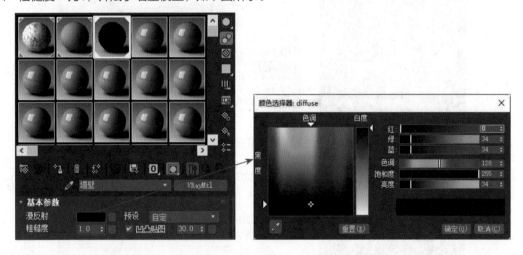

步骤04 为橱柜添加白色烤漆材质。选择空白材质球，添加VRayMtl材质，设置"漫反射"颜色为白色、"反射"颜色为白色，"光泽度"为0.86，如下页左图所示。

步骤05 为水龙头添加银色的材质。选择空白材质球，添加VRayMtl材质，设置"漫反射"颜色为白色、"反射"颜色为白色、"金属度"为1，如下页右图所示。

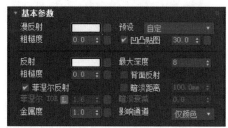

步骤06 为台面添加大理石材质。选择空白材质球，添加VRayMtl材质并命名为"台面"，为"漫反射"通道添加"001.jpg"图片，设置"瓷砖"下方U的偏移值为0.2，设置"反射"颜色为浅灰色、"光泽度"为0.88，将材质赋予台面模型，如下图所示。

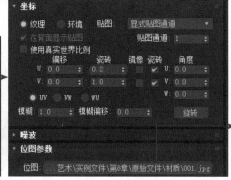
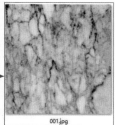

步骤07 同样的方法，为手把、吊灯等模型添加材质，最后执行渲染操作并查看材质和灯光的效果，如右图所示。

9.3 设置最终渲染的效果

在制作场景中的灯光和材质时，只是测试渲染，最终出效果图时，需要重新设置渲染参数。下面介绍最终渲染的设置方法。

扫码看视频

步骤01 在菜单栏中执行"渲染>渲染设置"命令，切换至"公用"选项卡，在"公用参数"卷展栏中设置输出宽度为1920×1440，如下页左图所示。

步骤02 切换至"V-Ray"选项卡，在"图像采样器（抗锯齿）"卷展栏中设置"类型"为"渲染块"，在"图像过滤器"卷展栏中设置"过滤器"为"Catmull-Rom"，在"颜色映射"卷展栏中设置"类型"为"指数"，如下页右图所示。

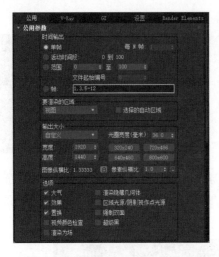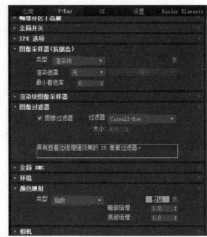

步骤 03 切换至"GI"选项卡，设置"主要引擎"为"发光贴图"，在"发光贴图"卷展栏中设置"当前预设"为"中"，如下左图所示。

步骤 04 切换至"设置"选项卡，设置"动态内存"为4000，取消勾选"使用高性能光线跟踪"复选框，设置"日志窗口"为"从不"，如下右图所示。

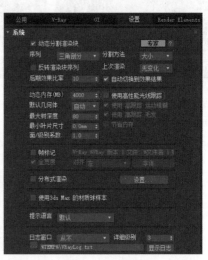

步骤 05 设置完成后在"渲染设置"对话框中单击"渲染"按钮，渲染的速度比较慢，效果图比较清晰，如下图所示。

9.4 制作厨房动画效果

本节主要为橱柜制作动画效果，然后通过"粒子系统"为水龙头制作水流动画，并且设置摄影机动画对水龙头进行特写。

9.4.1 为橱柜制作动画

在制作从下向上逐个物品动画之前，需要对橱柜模型进行成组，下面介绍具体操作方法。

步骤 01 首先选择最下方橱柜底座模型，在"修改"面板中添加"弯曲"修改器。单击"自动关键点"按钮，在第0帧右击模型，选择"对象属性"命令，在打开的对话框中设置"可见性"为0。在第1帧设置"可见性"为1，再设置弯曲"角度"为82.5、"方向"为-90、"弯曲轴"为Z，如下左图所示。

步骤 02 在第15帧设置弯曲的值，使底座模型恢复原来位置，我们可以移动时间滑块查看效果，下右图是第8帧的效果。

步骤 03 将底座和台面之间的所有模型成组，制作从外推进去的动画。在第0帧设置"可见性"为0，在第1帧设置"可见性"为1，在第15帧添加关键帧。再定位到第1帧，将模型沿着X轴移动，最后调整时间滑块位置，使该动画在底座模型动画结束时进行。下左图是第17帧的效果。

步骤 04 制作台面从一侧弹出的动画。选中台面模型，在"层次"面板中单击"仅影响轴"按钮，将轴移到一侧，效果如下右图所示。

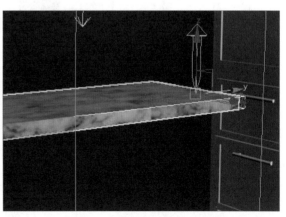

步骤 05 在第0帧设置"可见性"为0，在第1帧设置"可见性"为1，在第15帧添加关键帧。在第1帧设置"拉伸"为−1.0、"拉伸轴"为Z，如下左图所示。在第15帧添加关键帧，设置"拉伸"为0，恢复原状。在第17帧设置"拉伸"为0.1，在第19帧设置"拉伸"为0。

步骤 06 制作水盆从上向下降落的动画。在第0帧设置"可见性"为0，在第1帧设置"可见性"为1，在第15帧添加关键帧。在第1帧将水盆模型沿Z轴向上移动，并将时间滑块调整到合适的位置。下右图是第57帧的效果。

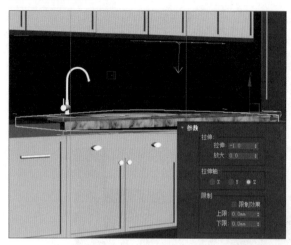 

步骤 07 下面制作上方橱柜的动画。选择橱柜内部隔板，在第0帧单击"选择并均匀缩放"按钮，设置缩放为0，在第15帧设置缩放为100，并沿X轴旋转360度。下左图为右侧两块隔板的动画效果。

步骤 08 选择上方剩下的所有橱柜模型，根据步骤03制作推进动画，并调整时间滑块的位置。下右图为第74帧的效果。

 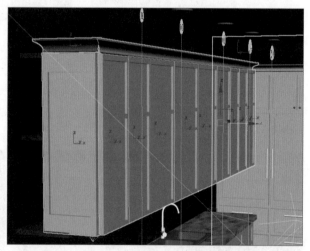

步骤 09 为侧面橱柜模型制作生长的动画。选择右侧橱柜模型，在"修改"面板中添加"切片"修改器。在第0帧设置"切片方向"为Z、"切片类型"为"移除正"，调整切片，使橱柜模型不显示。在第15帧调整切片，使橱柜模型完全显示，并调整时间滑块的位置。下页左图是第84帧的效果。

步骤 10 打开"渲染设置"对话框，在"公用"选项卡中选中"帧"单选按钮，在右侧数值框中输入80，渲染第80帧的效果。单击"渲染输出"区域中"文件"按钮，在打开的对话框中设置保存第80帧图片的路径和名称，单击"渲染"按钮，效果如下页右图所示。

9.4.2 制作水流的动画

本小节将使用"粒子系统"制作水从水龙头流向水盆的动画效果，同时会推进摄影机进行特写。下面介绍具体操作方法。

步骤 01 在"创建"面板的"粒子系统"中单击"粒子流源"按钮，在顶视图的水龙头出水口处绘制发射器，大小和出水口差不多大。在左视图中调整发射器的位置，确保其方向是向下的并且和出水口平行，如下左图所示。

步骤 02 在"修改"面板中单击"粒子视图"按钮，打开"粒子视图"窗口，选择"出生002"，在"出生002"卷展栏中设置"发射停止"为100、"数量"为400，如下右图所示。

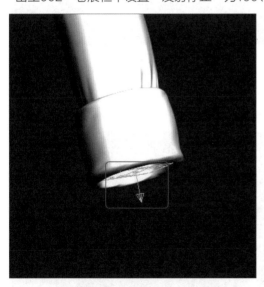

步骤 03 选择"速度002"，在"速度002"卷展栏中设置"速度"为80mm、"变化"为0.5mm，如下页左图所示。

步骤 04 选择"形状002"，在对应的卷展栏中设置3D为"80面球体"、"大小"为10mm、"变化"为10%，如下页右图所示。

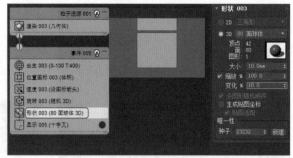

步骤 05 拖动时间滑块查看水流效果，当水流到水盆底部时，会穿过模型继续向下流，如下左图所示。我们还需要添加导向板。

步骤 06 在"空间扭曲"面板的"导向器"中单击"导向板"按钮，在流入水的水盆底部绘制导向板，并调整其位置，如下右图所示。

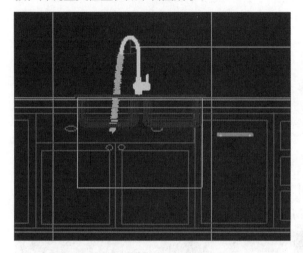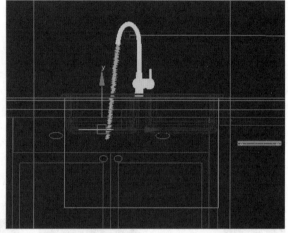

步骤 07 此时水还是穿过模型。打开"粒子视图"窗口，添加碰撞属性，在对应卷展栏中单击"添加"按钮，选择绘制的导向板，设置"速度"为"停止"，如下左图所示。

步骤 08 添加完成后，可见水流到盆底时就停止了，如下右图所示。

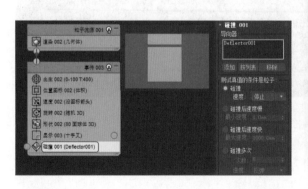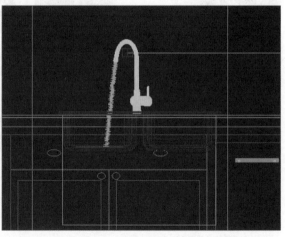

步骤 09 在"粒子视图"中添加"材质静态"属性，将"材质编辑器"中水的材质链接到材质静态，如下页图所示。

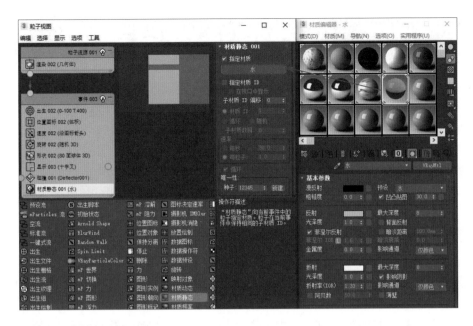

步骤10 接下来制作摄影机推近动画。单击"自动关键点"按钮，定位在第99帧，全选所有模型，删除所有关键点。选择摄影机，在第0帧添加关键帧，在第25帧处将摄影机向前移动，如下左图所示。

步骤11 将关键帧向后移动，最后渲染并查看效果，如下右图所示。

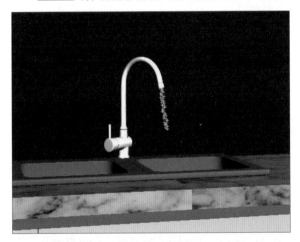

提示：渲染动画

　　动画制作完成后，我们可以在"渲染设置"对话框中单击"文件"按钮，在打开的对话框中设置保存类型为TIF格式，然后使用视频处理软件进行处理。如果设置保存类型为avi格式，导出的视频有可能不清晰。

第10章 卧室设计效果表现

本章概述

　　本章将对3ds Max室内设计常用的测试渲染、灯光、材质、动画和最终渲染操作进行介绍。本案例以一套三室两厅两卫房屋的卧室为例，介绍室内设计效果的表现，其中动画部分包括打开CAD图纸的卷轴动画、三维墙体生长动画和家具特写动画3个分镜头。

核心知识点

❶ 掌握测试渲染参数的设置
❷ 掌握卧室灯光的设置
❸ 掌握材质的添加
❹ 掌握弯曲修改器的应用
❺ 掌握最终渲染参数的设置

10.1 卧室的设计

　　卧室是家庭生活中必要的空间需求，是供居住者休息的房间。卧室布置的好坏直接影响到人们的生活，在卧室设计和装修时需要注意以下几点。

- **保证私密性。** 私密性是卧室最重要的属性，它不仅仅是供人休息的场所，还是家中最温馨与浪漫的空间。卧室要安静，隔音要好，可采用吸音性好的装饰材料。

- **使用要方便。** 卧室里一般要放置大量的衣物和被褥，设计时一定要考虑储物空间，不仅要大，而且要使用方便。

- **色调、图案应和谐。** 卧室的色调由两大方面构成，一方面，设计时墙面、地面、顶面本身都有各自的颜色，而且面积很大；另一方面，后期配饰中窗帘、床罩等也有各自的色彩，面积也很大。两者的色调搭配要和谐，要确定一个主色调。

- **风格应简洁。** 卧室的功能主要是睡眠休息，属于私人空间，不向客人开放，所以卧室设计不需要过多的造型。

- **灯光照明。** 尽量不要使用装饰性太强的悬顶式吊灯，它不但会使房间产生许多阴暗的角落，也会在头顶形成太多的光线，躺在床上向上看时灯光还会刺眼。而向上打光的灯既可以使房顶显得高远，又可以使光线柔和，不直射眼睛。除主要灯源外，还应设台灯或壁灯，以备起夜或睡前看书用。另外，角落里设计几盏射灯，以便用不同颜色来调节房间的色调，如黄色的灯光会给卧室增添浪漫的情调。

　　下左图是现代简约风格的卧室设计，没有过分的装饰，一切从实用性、功能性出发，卧室整体干净简洁。下右图是中式风格的卧室设计，中式实木家具端正摆放，暖黄色灯光点亮一室古意。

10.2 设置测试渲染的参数

本章示例的各模型已经制作完成，将以卧室为例介绍添加灯光、材质等的方法，并通过动画展示房屋的制作过程。首先设置3ds Max的渲染参数，方便调节灯光和材质的参数。

扫码看视频

步骤 01 打开"室内空间模型.max"文件，房屋的三维模型制作完成，如下左图所示。

步骤 02 在菜单栏中执行"渲染>渲染设置"命令，在打开的对话框中设置渲染器为V-Ray 6 Update 1.1，在"公用"选项卡的"输出大小"卷展栏中设置"宽度"为800、"高度"为450，取消勾选"渲染帧窗口"复选框，如下右图所示。

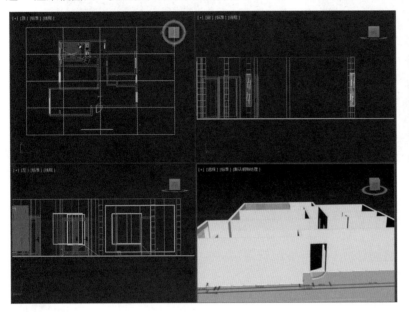

步骤 03 切换至"V-Ray"选项卡，在"帧缓存"卷展栏中勾选"启用内置帧缓存"复选框，在"全局开关"卷展栏中切换至"高级"模式，设置类型为"全部灯光评估"，如下左图所示。

步骤 04 在"V-Ray"选项卡的"图像采样器(抗锯齿)"卷展栏中设置"类型"为"渐进式"，在"图像过滤器"卷展栏中设置"过滤器类型"为"区域"，在"颜色映射"卷展栏中设置"类型"为"指数"，如下右图所示。

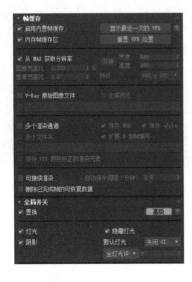
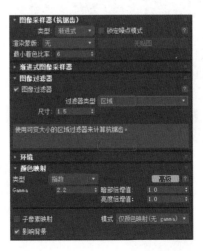

步骤 05 切换至"GI"选项卡，在"全局照明"卷展栏中勾选"启用GI"复选框，设置"主要引擎"为"发光贴图"；在"发光贴图"卷展栏中设置"当前预设"为"非常低"，勾选"显示计算相位"和"显示直接光"复选框，如下左图所示。

步骤 06 在"灯光缓存"卷展栏中设置"细分"为200，勾选"显示计算相位"复选框，如下右图所示。测试渲染参数设置完成。

10.3　添加灯光

本节将介绍如何在卧室中添加各类灯光，包括VRay天空、VRay灯光等，从而制作出天空、灯带和射灯的灯光。下面介绍具体操作方法。

扫码看视频

步骤 01 在"创建"面板中切换至"灯光"选项卡，设置"类型"为"VRay"。单击"VRay灯光"按钮，在"常规"卷展栏中设置"类型"为"穹顶"，单击"无贴图"按钮，如下左图所示。

步骤 02 打开"材质/贴图浏览器"对话框，选择"VRaySky"（VRay天空）选项，单击"确定"按钮，如下右图所示。

步骤 03 按M键打开"材质编辑器"窗口，将VRay穹顶灯的材质拖到空白材质球上，单击"VRaySky"（VRay天空）按钮，如下页左图所示。

步骤 04 打开"材质/贴图浏览器"对话框，在"贴图"卷展栏下的"通用"选项列表中选择"Color Correction"选项，在弹出的提示对话框中单击"确定"按钮，如下页右图所示。

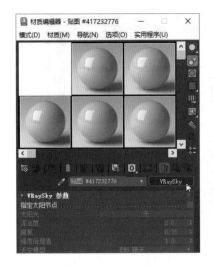

步骤 05 在视口中创建灯光，移到卧室窗户附近。此时创建了一个可以看到房屋全貌的摄影机，为使效果更明显，为墙体添加深色的材质。测试渲染后的效果如下图所示。

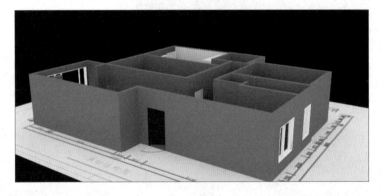

步骤 06 接下来为卧室添加灯光，首先为床头和衣橱添加带灯。切换至顶视图，在床头的藏灯带中绘制VRay平面灯，并调整至合适的位置，使灯光照向墙壁。然后在"常规"卷展栏中设置"倍增值"为20、"颜色"为浅橙色，在"选项"卷展栏中勾选"不可见"复选框，效果如下图所示。

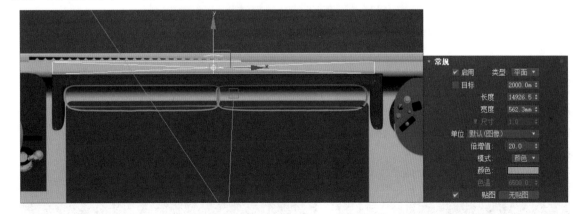

步骤 07 选择衣柜模型并右击，在四元菜单中选择"孤立当前选择"命令，然后在顶视图中创建VRay平面灯，并调整到上方。在"常规"卷展栏中设置"倍增值"为20、"模式"为"色温"、"色温"为4500，如下页左图所示。

步骤 08 复制多个VRay灯光，放在衣柜的主要空间，设置创建灯光为不可见，效果如下页右图所示。

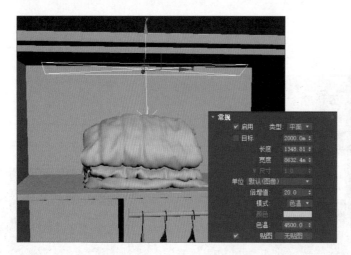

步骤 09 在"创建"面板中单击"VRay灯光"按钮，在"常规"卷展栏中设置"类型"为"球体"、"倍增值"为100、"颜色"为浅橙色，勾选"目标"复选框，调整目标位置，如下图所示。

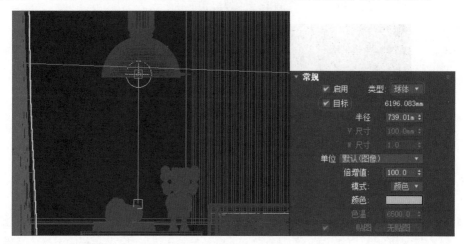

步骤 10 接下来将创建摄影机以显示衣柜模型，渲染后查看在衣柜中添加灯带的效果。此时灯光有点弱，我们再次选中VRay灯光，设置"倍增值"为20，效果如下左图所示。

步骤 11 同样的方法，再创建摄影机以显示床和吊灯模型，可以适当修改相关参数，查看灯光效果，如下右图所示。

10.4 添加材质

本节将主要为卧室场景中的相关模型添加材质,例如窗户和衣柜的推拉门、窗帘等。下面介绍具体操作方法。

扫码看视频

步骤 01 首先制作窗户框架和玻璃材质。按M键打开"材质编辑器"窗口,选择空白材质球,命名为"黑钢材质"。单击"物理材质"按钮,在打开的"材质/贴图浏览器"对话框中选择VRayMtl选项,设置"漫反射"颜色为黑色、"反射"为灰色,设置"金属度"为0.61,如下左图所示。

步骤 02 将黑钢材质赋予窗户的框架和衣柜推拉门的框架,效果如下右图所示。

步骤 03 制作窗户和推拉门上透明的玻璃材质。选择空白材质球,命名为"透明玻璃",然后添加VRayMtl材质。在"基本参数"卷展栏中设置"漫反射"为黑色、"反射"为白色、"光泽度"为0.94,设置"折射"为白色,设置IOR为1.5左右,如下左图所示。

步骤 04 将透明玻璃材质赋予窗户和推拉门的玻璃,效果如下右图所示。

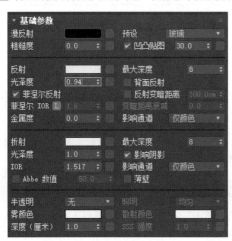

步骤 05 下面设置梳妆台上的梳妆镜材质。选择空白材质球,命名为"镜子",添加VRayMtl材质。设置"漫反射"为黑色、"反射"为白色,取消勾选"菲涅耳反射"复选框,可以使材质反射最强,达到镜子材质的要求,如下页左图所示。

步骤06 渲染之后，查看镜子的效果，如下右图所示。

步骤07 制作墙布材质时，首先选择空白材质球并命名为"墙布"，添加VRayMtl材质。单击"漫反射"右侧通道按钮，在打开的"材质/贴图浏览器"中选择"位图"选项，添加"布纹.jpg"文件并赋予墙布，渲染后的效果如下图所示。

提示：不断调整各种参数

我们在添加灯光和材质并测试渲染时，如果发现和效果不太符合，可以随时调整相关参数。

步骤08 要为衣柜添加木纹材质，则选择空白材质球并命名为"家具"，选择VRayMtl材质，为"漫反射"添加"木纹.jpg"材质，如下左图所示。再添加UVW贴图，在"参数"卷展栏中选择"长方体"单选按钮，如下中、右图所示。

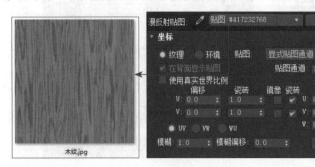

步骤09 窗帘材质分为绒布和纱帘两种材质。要制作绒布材质，则选择空白材质球，添加VRayMtl材质，为"漫反射"添加"混合"贴图，在"混合参数"卷展栏中设置"颜色#1"的RGB值为42、19、6，设置"颜色#2"的RGB值为168、108、22，为"混合量"添加"黑白贴图.jpg"贴图，如下页左图所示。

步骤 10 设置"反射"颜色为灰色、"光泽度"为0.64，如下右图所示。

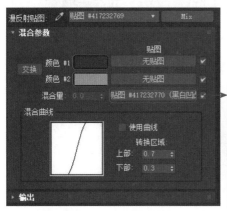

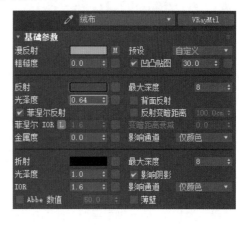

步骤 11 在"双向反射分布函数"卷展栏中设置类型为"沃德"、"各向异性"为0.7；在"贴图"卷展栏中设置"反射"为30、"光泽度"为50，设置贴图均为"黑白贴图.jpg"，如下左图所示。

步骤 12 下面制作纱窗材质。选择空白材质球，添加VRayMtl材质，设置"漫反射"颜色为白色。在"折射"通道中添加"衰减"贴图，设置"前"为浅灰色、"侧"为深灰色，选择"衰减类型"为"垂直/平行"，如下右图所示。

步骤 13 再设置折射的"光泽度"为0.94，将材质赋予窗帘，测试渲染后可见纱帘是半透明的，效果如下图所示。

10.5 制作房屋的动画效果

本节主要为房屋三维模型创建3个镜头的动画效果。首先是通过卷轴动画，打开房屋的平面图。然后在平面图中制作三维模型的生长动画。最后是衣柜特写动画，通过移动摄影机打开衣橱门，同时衣橱内的灯亮。

扫码看视频

10.5.1 制作CAD图纸的卷轴动画

在房屋三维模型的下方是绘制的平面模型，并通过材质功能添加CAD中导出的平面图的图像文件。本节将制作卷轴动画的展开效果，具体操作方法如下。

步骤01 选择平面并右击，在四元菜单中选择"孤立当前选择"命令，在"修改"面板中设置"宽度分段"为100，使卷轴更平滑，如下左图所示。

步骤02 为平面添加"弯曲"修改器，在"参数"卷展栏中设置"角度"为-2000，勾选"限制效果"复选框，设置合适的"上限"值，使上限形成卷轴，如下右图所示。

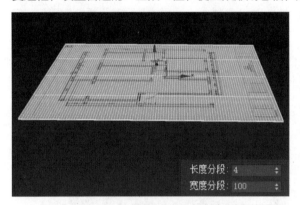
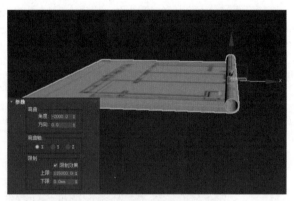

步骤03 相同的方法为卷轴添加"弯曲"修改器，在"参数"卷展栏中设置"角度"为-2000，勾选"限制效果"复选框，设置合适的"下限"值，使下限形成卷轴，如下左图所示。

步骤04 此时两个卷轴卷在一起了，还需要稍微调整中心的位置。展开"弯曲"修改器，选择"中心"选项，沿X轴调整其位置，如下右图所示。

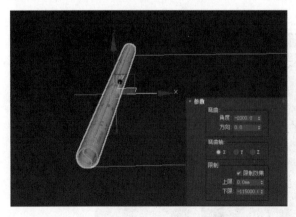
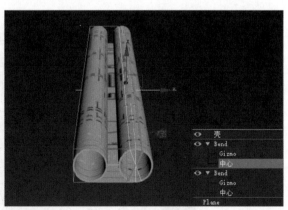

步骤05 此时卷轴只有一圈。展开"弯曲"修改器，选择Gizmo选项，使用选择并旋转工具调整卷轴的圈数，如下页左图所示。

步骤06 可以看到，卷轴不是很平滑。选择平面，设置"宽度分段"为200，效果如下页右图所示。

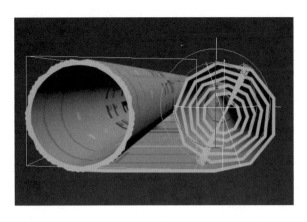 

步骤 07 根据相同的方法调整另一侧卷轴，如下左图所示。

步骤 08 单击"时间配置"按钮，打开"时间配置"对话框，选择"PAL"单选按钮，设置"结束时间"为50，单击"确定"按钮。单击"自动关键点"按钮，在第50帧添加关键点，在"弯曲"中选择中心，沿着X轴将其展开，下右图为第20帧的效果。

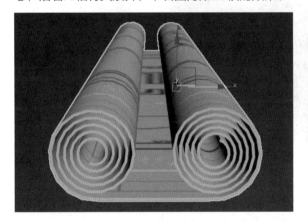 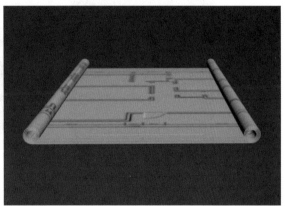

步骤 09 接下来创建摄影机和VRay灯光，灯光在卷轴的上方。执行"渲染>渲染设置"命令，在打开窗口的"公用"选项卡中设置渲染的帧。单击"文件"按钮，在打开的对话框中设置保存位置、名称和类型，如下左图所示。

步骤 10 单击"渲染"按钮，即可渲染出指定的第10帧的效果，如下右图所示。

 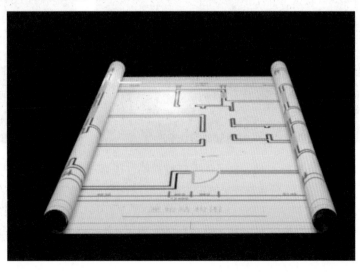

10.5.2 制作房屋生长动画

本节将制作的房屋生长动画，是在卷轴完全打开后开始的，首先是地板和外墙，接着是内墙，最后是卧室的动画。在制作房屋动画之前需要将相关的模型成组，选择模型后在菜单栏中执行"组>组"命令即可，此处不再详细介绍。将卷轴动画的时间调整为1秒，也就是将结束的关键点移到第25帧。下面介绍动画的制作方法。

步骤 01 选择地板模型，添加"切片"修改器，在"切片"卷展栏中设置"切片方向"的轴为X，选择"切片类型"为"移除正"，如下左图所示。

步骤 02 单击"自动关键点"按钮，在第0帧调整切片平面的位置，使地板不显示。在第20帧添加关键点，调整切片平面完全显示地板，下右图为第15帧的效果。

 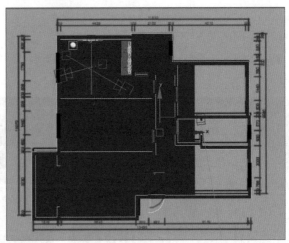

步骤 03 选择房屋的柱子，添加"FFd 4×4×4"修改器，单击"自动关键点"按钮，记录动画，在第0帧、第1帧、第21帧添加关键点。在第0帧将柱子模型移到指定的地方，然后右击，选择"对象属性"命令，在打开的"对象属性"对话框中设置"可见性"为0，隐藏柱子模型，如下左图所示。

步骤 04 在第1帧右击柱子模型，选择"对象属性"命令，在打开的对话框中设置"可见性"为1，显示模型，如下右图所示。

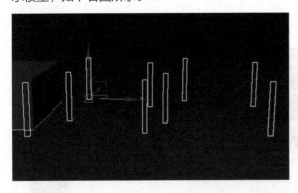 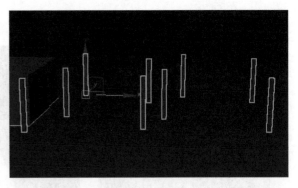

步骤 05 在第21帧使柱子模型恢复原位，在第23帧添加关键点，在"FFd 4×4×4"修改器下选择"控制点"选项，分别选择上方3层控制点向柱子运动的方向稍微偏移，制作柱子运动突然停止时上方惯性的效果，如下页左图所示。

步骤 06 在第25帧添加关键点，调整"FFd 4×4×4"修改器的控制点使柱子直立，恢复原来效果，然后调整关键点至地板显示完全后的位置，如下页右图所示。

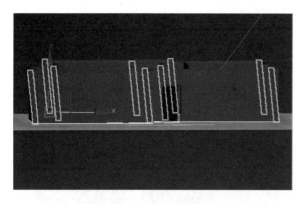 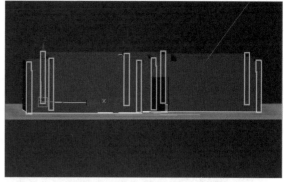

步骤 07 选择所有外墙，添加"切片"修改器，单击"自动关键点"按钮，在第0帧调整切片位置，使外墙不显示。第20帧时显示所有墙壁，将关键点调整到合适的位置，如下左图所示。

步骤 08 根据相同的方法为其他墙壁添加切片动画效果。选择入户门，在第0帧、第1帧和第15帧添加关键点。设置第0帧"可见性"为0，设置第1帧"可见性"为1，并移到合适的位置，制作门平移动画，如下右图所示。

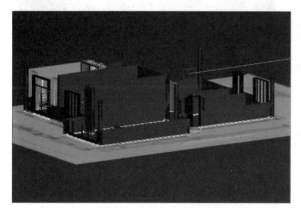 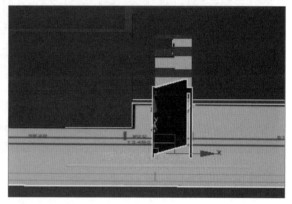

步骤 09 根据相同的方法为其他窗户和室内门制作动画，窗户和入户门制作平移动画，室内门制作由小到大并旋转的动画，效果如下图所示。

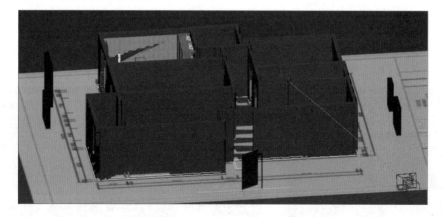

步骤 10 接下来为卧室内的家具制作动画，此处不再介绍具体操作，可参考教学视频讲解，效果如下页左图所示。

步骤 11 创建标准的物理摄影机，可以显示整体面貌；制作俯视摄影机显示房屋动画，以摄影机视角显示，效果如下页右图所示。

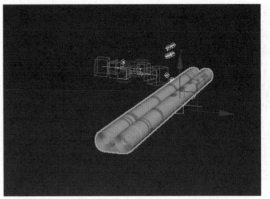

步骤12 为创建的物理摄影机添加顺时针沿着房屋环游半圈的动画,单击"自动关键点"按钮,在第0帧创建关键点,在第100帧创建关键点,移动摄影机的位置,在第200帧时移动摄影机的位置。下左图是第100帧的摄影机视角,下右图是第200帧的摄影机视角。

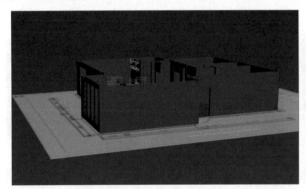

10.5.3 制作衣柜特写动画

本节将制作摄影机逐渐向衣柜推进,衣柜的推拉门滑动,衣柜内的灯亮起来的特写动画。首先打开上节制作的max文件,定位在第200帧,全选模型,单击"自动关键点"按钮,将所有关键点删除,然后再进入本节的操作。下面介绍具体的操作方法。

步骤01 创建VRay摄影机,使其显示衣柜的正面,切换至摄影机视角,如下左图所示。

步骤02 选择摄影机,单击"自动关键点"按钮,在第0帧添加关键点,在第25帧添加关键点,在第25帧将摄影机向衣柜平移,效果如下右图所示。

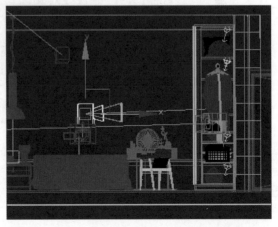

步骤 03 选择衣柜左侧的推拉门，在第0帧和第20帧添加关键点。在第20帧将推拉门向右平移至和右侧推拉门对齐，然后调整关键点的位置，使摄影机推移到第25帧时推拉门移动，如下左图所示。

步骤 04 接下来调整灯光，使推拉门这一侧灯在开门时亮起来。选择左侧衣柜中任意灯光，在第0帧和第10帧添加关键点，在第0帧设置灯光"倍增"为0，在第10帧设置"倍增"为20。将关键点移到推拉门刚打开时的位置，如下右图所示。根据相同的方法为其他灯光添加关键帧，将右侧衣柜中的灯光关闭即可。

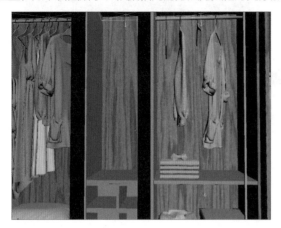 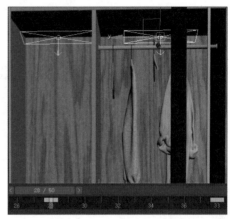

10.6 设置最终渲染参数

场景中动画制作完成，我们要将其渲染出图，还需要设置最终渲染的参数。本节包括3个分镜头，渲染出动画后，需要使用视频处理软件将视频合并，并添加旁白、音乐等。本节将介绍如何使用3ds Max渲染出指定帧的效果。

扫码看视频

步骤 01 打开10.5.2小节的效果文件，打开"渲染设置"窗口，在"公用"选项卡的"输出大小"选项区域中设置"宽度"为1920、"高度"为1080，如下左图所示。

步骤 02 切换至"V-Ray"选项卡，在"图像采样器(抗锯齿)"卷展栏中设置"类型"为"小块式"，在"图像过滤器"卷展栏中设置"过滤器类型"为VRayLanczosFilter，在"颜色映射"卷展栏中设置"类型"为"指数"，如下右图所示。

步骤 03 切换至"GI"选项卡,在"发光贴图"卷展栏中设置"当前预设"为"中",在"灯光缓存"卷展栏中设置"细分"为1000、"采样大小"为0.02,如右图所示。

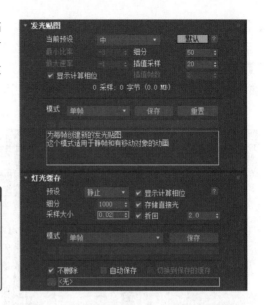

提示: 渲染时停在"灯光缓存"

当渲染较大的场景时,进度条会停在"灯光缓存"启动部分,是因为计算机的最大内存不够"灯光缓存"引擎使用。我们可以提高内存的最大使用量,或者尽量减少场景中灯光的数量。

步骤 04 渲染参数设置完成后,接下来渲染3个镜头中相关帧的效果,首先渲染第20帧,CAD图纸的卷轴动画效果如下左图所示。

步骤 05 渲染第80帧立柱的效果,此时地板和立柱动画完成,摄影机逆时针运动到图纸的另一侧,效果如下右图所示。

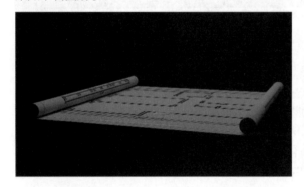

步骤 06 渲染第120帧,房屋的墙壁动画完成,门窗模型动画正在进行,卧室的家具动画还没有开始,如下左图所示。

步骤 07 渲染第161帧,正在进行家具动画,此时衣柜、地毯和床动画已经完成,梳妆台动画正在进行,摄影机移到卧室附近,如下右图所示。

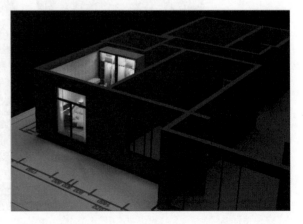

第11章 公园设计效果表现

本章概述

　　本章将介绍公园的建模、灯光、材质和动画等内容，其中材质大部分是贴图，动画主要是摄影机的漫游动画。除此之外，还通过修改器制作小草生长动画，以及由绿色变为黄色的动画。

核心知识点

❶ 掌握凉亭的制作方法
❷ 掌握VRay太阳光的制作
❸ 掌握UVW贴图的使用
❹ 掌握链接工具的使用
❺ 掌握漫游动画的设置

11.1 园林设计

　　园林指在一定的地域运用工程技术和艺术手段，通过改造地形、种植树木花草、营造建筑和布置园路等途径创作而成的美的自然环境和游憩境域。

　　园林设计与文化关系密切，体现了传统文化天人合一的精神内涵，表达了人与自然和谐相处的意蕴。通过地形、山水、建筑群、花木等载体衬托出人类主体的精神文化。

　　我国园林历史悠久，是建筑艺术的珍宝，造园艺术更是源远流长。早在公元前1046年，周武王营建洛邑，通过察山看水，在邙山脚下、洛水之滨，建了中国第一个依山面水的山水都城——周王城。

　　下左图是颐和园中的谐趣园。颐和园被誉为"皇家园林博物馆"，主要由万寿山和昆明湖两部分组成，谐趣园在万寿山东麓，是一个独立成区、具有南方园林风格的园中之园。下右图是苏州的拙政园，布局疏密自然，其特点是以水为主，水面广阔，景色平淡天真、疏朗自然。

11.2 创建建筑小品

　　园林中有很多供游人休息、娱乐、照明等的建筑小品，这些建筑小品一般空间小，但是非常别致。本节以制作凉亭为例，介绍制作建筑小品的方法。

　　步骤01 打开"公园一角.max"文件，已经绘制好部分模型，还没有添加灯光和材质，如下页左图所示。

扫码看视频

　　步骤02 单击"创建"面板中"四棱锥"按钮，在"顶"视图中绘制凉亭的地方绘制四棱锥，设置"宽度"和"深度"均为3000mm、"高度"为1000mm，如下页右图所示。

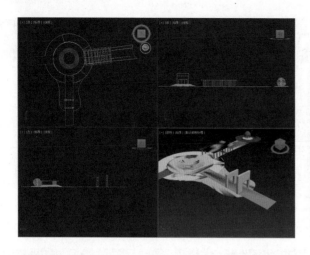
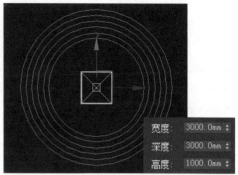

步骤 03 设置四棱锥的 Z 轴为3510mm。选择"样条线"下"矩形",绘制长宽均为2400mm的矩形,调整位置,使其与四棱锥同一中心,如下左图所示。

步骤 04 右击绘制的矩形,选择"转换为>转换为可编辑样条线"命令,进入"样条线"层级,设置轮廓为200mm,效果如下右图所示。

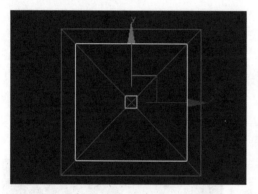
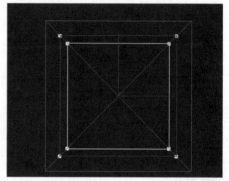

步骤 05 进入"可编辑样条线"层级,添加"挤出"修改器,设置"数量"为150mm,再设置 Z 轴为3360mm,效果如下左图所示。

步骤 06 下面绘制凉亭的底座。首先绘制切角圆柱体,设置"半径"为200mm、"高度"为300mm、"圆角"为10mm、"边数"为32,设置 Z 轴为1210mm,如下右图所示。

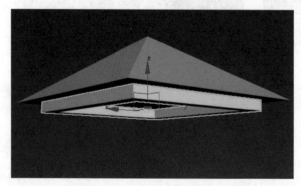
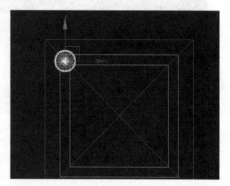

步骤 07 在底座模型上绘制圆柱体,设置"半径"为150mm、"高度"为1850mm、"边数"为32,设置 Z 轴为1510mm,在"透视"视口中的效果如下页左图所示。

步骤 08 选择圆柱和底座模型,复制3份并移到四个角,效果如下页右图所示。

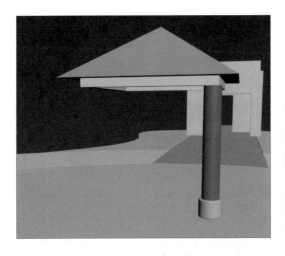 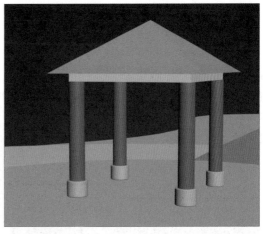

步骤09 选择四棱锥模型，将其转换为可编辑多边形，进入"边"层级，按住Ctrl键选择对角的4条边，单击"编辑边"卷展栏中"切角"右侧■按钮，设置切角量为100mm，如下左图所示。

步骤10 切换至"多边形"层级，选择切角的面，执行"挤出"80mm，如下右图所示。在凉亭模型的顶部绘制圆球进行修饰。

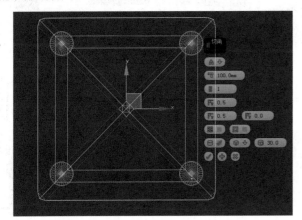 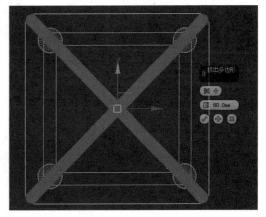

步骤11 绘制凉亭中的石桌和石板凳模型时，先绘制切角圆柱体，设置"半径"为600mm、"高度"为50mm、"圆角"为8mm，"边数"为32，设置Z轴为2010mm，效果如下左图所示。

步骤12 切换至"前"视口，使用"线"工具绘制线条，如下右图所示。

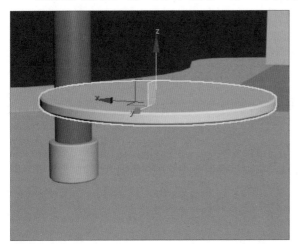 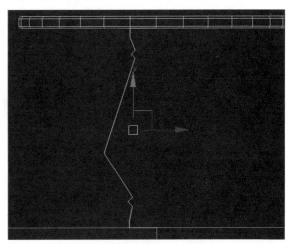

步骤13 将线转换为可编辑样条线，进入"顶点"层级，将部分点转换为"Bezier角点"，调控点，使点平滑，如下左图所示。

步骤14 进入line层级，添加"车削"修改器，在"参数"卷展栏中勾选"焊接内核"和"翻转法线"复选框，单击"最大"按钮，效果如下右图所示。

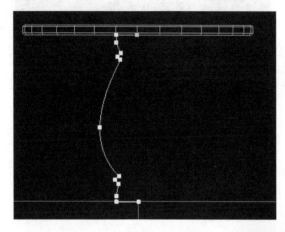
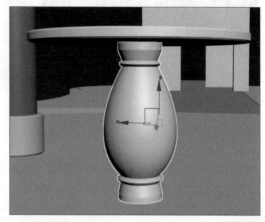

步骤15 根据相同的方法绘制石凳，并复制3份石凳模型分别放在石桌的四周，如右图所示。至此，凉亭模型制作完成。

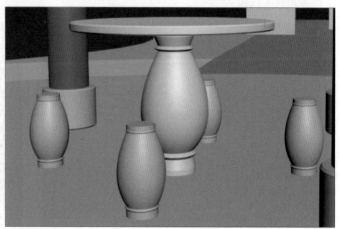

11.3 添加灯光和材质

场景中的模型制作完成后，还需要添加灯光和材质，制作出与现实相符的模型效果。下面介绍具体的操作方法。

扫码看视频

11.3.1 添加灯光

本案例是户外公园，只有阳光和天空的光，我们使用VRay太阳光来模拟太阳光，下面介绍具体操作方法。

步骤01 在"创建"面板中切换至"灯光"选项卡，设置"类型"为"VRay"，单击"VRay太阳光"按钮，在场景中添加VRay太阳并调整其高度，设置"强度倍增值"和"尺寸倍增值"为0.5，如下页左图所示。

步骤02 添加平面模型作为地面，创建摄影机，使其能显示公园的全貌，再设置渲染参数，查看渲染效果，并根据效果调整VRay太阳光的参数，如下页右图所示。

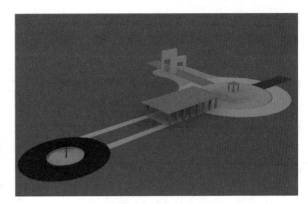

11.3.2 添加材质

本案例添加的多数是贴图，当我们为圆柱体、长方体添加贴图时，一定要注意设置"UVW贴图"，下面介绍具体操作方法。

步骤 01 制作公园内石砖的路面时，首先按M键打开"材质编辑器"窗口，选择空白材质球并命名为"石砖路面"，添加VRayMtl材质，为"漫反射"通道添加"砖石.jpg"文件。在"坐标"卷展栏中设置"瓷砖"的U、V值均10，如下左图所示。

步骤 02 添加"UVW贴图"修改器，在"参数"卷展栏中选中"平面"单选按钮，如下右图所示。

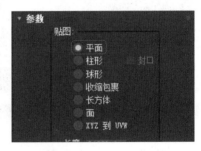

步骤 03 将石砖路面材质赋予对应的模型，效果如下左图所示。

步骤 04 接下来为石桌凳添加材质，选择空白材质球后，选择VRayMtl材质，为"漫反射"通道添加"大理石.jpg"文件，将材质赋予桌面，此时材质是变形的，如下右图所示。

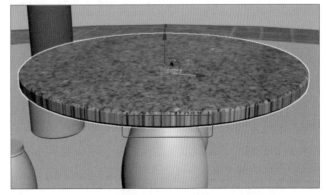

步骤 05 添加"UVW贴图"修改器，在"参数"卷展栏中选择"长方体"单选按钮，此时桌面正常显示材质，如下页左图所示。

步骤 06 根据相同的方法为场景中其他模型添加材质，笔者在"材质编辑器"窗口中对材质分别进行设置，读者可以参考设置，如下右图所示。

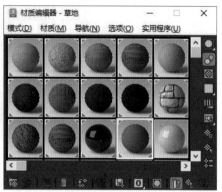

步骤 07 切换至摄影机视角，设置测试渲染参数，查看渲染效果，如下左图所示。

步骤 08 在场景中添加绿草和树等模型，如下右图所示。

提示：合并模型

除了自己制作模型，还可以直接将成品模型拖拽到场景中，然后选择"合并文件"命令，或者在菜单栏中执行"文件>导入>合并"命令，在打开的对话框中选择模型文件即可完成模型合并。

11.4 制作游览公园的动画

本节制作动画的主线是摄影机的漫游动画，摄影机漫游动画的路线是从花坛开始，沿着主路到凉亭，然后左转出公园。在漫游过程中，我们会看到小草生长的过程和长廊中铺地砖的动画效果。

扫码看视频

11.4.1 制作摄影机的漫游动画

本小节将制作摄影机的漫游动画，因为需要展示小草生长过程和长廊铺砖的动画，所以在这两个位置摄影机漫游的速度稍慢一点。下面介绍具体操作方法。

步骤 01 打开11.3小节保存的文件，在"顶"和"前"视口中调整摄影机的位置，使其与地面平行并贴近地面，如下页左图所示。单击"时间配置"按钮，在打开的对话框中设置"帧速度"为"PAL"，设置"结束时间"为200。

步骤 02 单击"自动关键点"按钮，在第0帧添加关键点，在第20帧添加关键点，并向前移动摄影机向花坛推近，如下右图所示。

步骤 03 为充分展示小草生长的过程，在第40帧将摄影机推进到花坛边，如下左图所示。

步骤 04 在第65帧将摄影机向前推移到长廊前，此时开始出现长廊中铺石砖的动画效果，如下右图所示。

 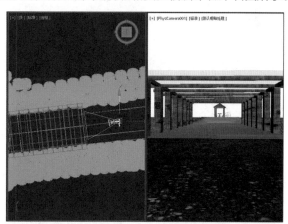

步骤 05 在第120帧添加关键点，移动摄影机到凉亭的台阶下，这段时间摄影机边向前推进边展示铺石砖的动画过程，如下左图所示。

步骤 06 从120帧到145帧，每5帧向前移动一个台阶，最终移动到凉亭的中间，下右图为第145帧的效果。

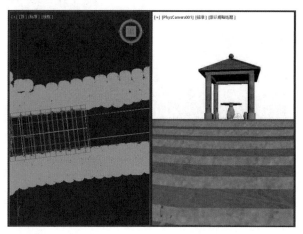 

步骤 07 在第160帧添加关键点，调整摄影机的方向，使其向左转90度，如下左图所示。

步骤 08 在第175、180、185和200帧添加关键点，摄影机移动到公园外，下右图为第185帧的效果。

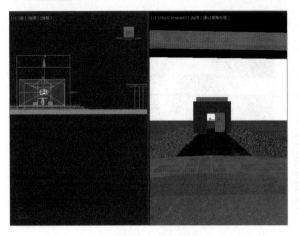

11.4.2 制作小草生长动画

小草的生长过程包括发芽、长大，由绿变黄。本节我们将使用Hair和Fur修改器制作小草生长动画，添加修改器后，需要调整小草的生长方向，否则小草会穿过花坛模型。下面介绍具体操作方法。

步骤 01 选择花坛中泥土模型，添加Hair和Fur修改器，如下左图所示。

步骤 02 单击"自动关键点"按钮，在第0帧添加关键点。在常规参数卷展栏中设置"毛发数量"为0，在第25帧设置"毛发数量"为5000、"毛发段"为10，如下右图所示。此时小草是黄色的，而且不是向上生长的，有的穿过了花坛，接下来需要进一步进行调整。

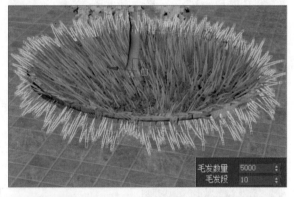

步骤 03 在"选择"卷展栏中单击"导向"按钮，在"设计"卷展栏中单击"由头梢选择头发"按钮，在"设计"区域单击"发梳"按钮和"平移"按钮，接着在视口中由下向上拖动，使所有小草的方向都向上，如右图所示。

步骤 04 接下来设置小草的颜色，选择第0帧，在"材质参数"卷展栏中设置"梢颜色"为浅绿色、"根颜色"为稍深点的绿色，如下左图所示。

步骤 05 选择第15帧，设置"梢颜色"和"根颜色"为绿色；选择第35帧，设置"梢颜色"为黄色、"根颜色"为深黄色，如下右图所示。

 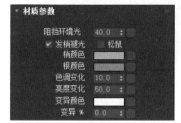

步骤 06 将时间滑块移到第15帧，可以看到小草长出部分为绿色的效果，如下图所示。

11.4.3 制作铺砖动画

在制作铺砖动画时，前几块砖的动画设置比较简单，最后几块砖的动画制作需要使用链接工具设置父子关系。下面介绍具体操作方法。

步骤 01 选择长廊下方的16块砖，将其孤立出来。然后选择前10块砖，单击"自动关键点"按钮，在第0帧、第1帧和第16帧添加关键点。在第0帧设置"对象属性"的"可见性"为0、设置第1帧的"可见性"为1，设置石块的位置并适当旋转，如下左图所示。

步骤 02 右击模型，选择"曲线编辑器"命令，在菜单栏中执行"编辑器>摄影表"命令，调整各时间的位置，如下右图所示。

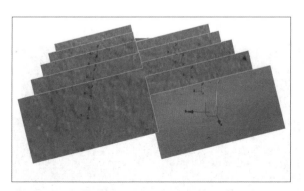 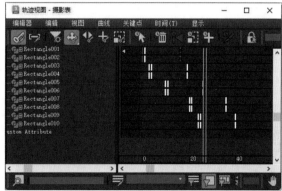

步骤 03 调整完成后查看效果，如下页左图所示。

步骤 04 设置第6排两块石砖的动画效果时，旋转角度可以更小一点，如下页右图所示。

 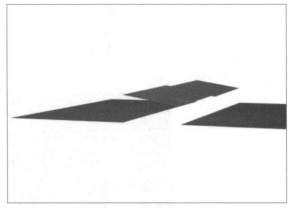

步骤 05 单击主工具栏中的"选择并链接"工具，在第8排石砖上按住鼠标左键向第7排石砖拖拽，第7排石砖为父级，带动第8排石砖运动。可以看到移动第7排石砖时，第8排石砖也跟着运动，如下左图所示。

步骤 06 在第0帧、第1帧和第16帧添加关键点，在第0帧设置"可见性"为0，在第2帧设置"可见性"为1，并对第7排和第8排石砖进行旋转，如下右图所示。调整关键点的位置，使所有石砖按顺序铺好，从而使摄影机能够观察到铺石砖的过程。

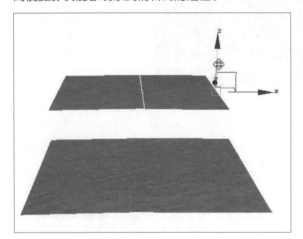 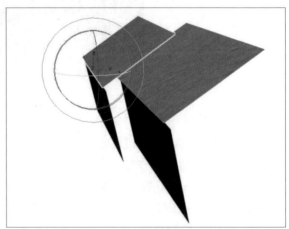

步骤 07 至此，本案例制作完成。最后参考上一章设置的渲染参数，将动画渲染成TIF格式的图像文件，使用视频处理软件制作视频即可。渲染第20帧小草长大变黄的效果，如下左图所示。

步骤 08 渲染第55帧铺石砖的动画效果，如下右图所示。